内蒙古自治区呼和浩特市
草原有害生物图册

主　编　赵玉根　姜海燕

副主编　岳永杰

哈爾濱工業大學出版社

内容简介

本书全面调查了呼和浩特市草原有害生物，同时按照新的分类系统将所调查的有害生物分为4大类，即鼠类、昆虫类、毒害草类、植物病原微生物类，并按分类等级顺序对不同有害生物分类排列。本书采用原色图片配文介绍的形式，从有害生物的名称、拉丁学名、寄主、形态特征、生境、症状、病原、分布范围、发生地点等方面进行相关信息描述。本书包括4篇，共介绍184种有害生物。其中，动物界脊索动物门5种，动物界节肢动物门119种，植物界38种，菌物界22种。

本书科学实用，可以作为农、林、牧业有害生物防治工作者鉴定和识别病、虫、毒害草、鼠害的工具书，也可供农林院校森林保护、林学、园林、植物保护等专业的师生参考。

图书在版编目（CIP）数据

内蒙古自治区呼和浩特市草原有害生物图册 / 赵玉根，姜海燕主编. — 哈尔滨：哈尔滨工业大学出版社，2025. 5. — ISBN 978-7-5767-2081-5

Ⅰ. ①Q95-64；S45-64

中国国家版本馆CIP数据核字第2025CC4110号

策划编辑　王桂芝
责任编辑　陈雪巍
出版发行　哈尔滨工业大学出版社
社　　址　哈尔滨市南岗区复华四道街10号　邮编 150006
传　　真　0451-86414749
网　　址　http://hitpress.hit.edu.cn
印　　刷　哈尔滨博奇印刷有限公司
开　　本　787 mm×1 092 mm　1/16　印张 15.75　字数 344 千字
版　　次　2025年5月第1版　2025年5月第1次印刷
书　　号　ISBN 978-7-5767-2081-5
定　　价　198.00 元

作者简介

赵玉根，汉族，二级正高级工程师，北京林业大学森林保护专业毕业，现任呼和浩特市林业和草原保护中心主任。主持、参与国家级、自治区级和盟市级科研项目 8 项；发表论文 11 篇；获授权实用新型专利 3 项。研究方向：森林病虫害防治、植物检疫。

姜海燕，汉族，博士，内蒙古农业大学林学院森林保护专业教授、硕士生导师。承担微生物学、菌物分类学、森林病理学、普通植物病理学、园林植物病虫害防治、林病研究法等课程的教学工作。主持、参与国家级和自治区级项目 20 项；出版专著 3 部，主编国家统编教材 1 部，参编国家统编教材 2 部；发表 SCI 收录论文 3 篇，中文核心期刊论文 50 余篇；获授权国家发明专利 2 项。主要研究方向：森林有害生物防控、菌物分类、森林病理、内生菌、菌根生物技术等。

岳永杰，汉族，博士，内蒙古农业大学林学院院长，森林培育专业教授、博士生导师。承担普通生态学、森林生态学、景观生态学、旅游生态学等课程及森林生态学课程实习的教学工作。主持、参与国家级和自治区级项目 20 余项；出版学术专著 10 余部；发表学术论文 120 余篇，其中 SCI 收录 6 篇、EI 收录 10 篇。主要研究方向：林学、森林生态学、土壤学、水土保持与荒漠化防治、生态系统功能评价、森林水文、森林健康经营等。

编 写 人 员

主　　编：赵玉根（呼和浩特市林业和草原保护中心）

姜海燕（内蒙古农业大学）

副 主 编：岳永杰（内蒙古农业大学）

参编人员：张素华（呼和浩特市林业和草原保护中心）

贾晨光（呼和浩特市林业和草原保护中心）

韩　丽（呼和浩特市林业和草原保护中心）

党海龙（呼和浩特市林业和草原局赛罕分局）

吴云菊（呼和浩特市林业和草原局玉泉分局）

刘浩杰（呼和浩特市林业和草原局回民分局）

王志平（呼和浩特市和林格尔县林业和草原局）

高　飞（呼和浩特市武川县林业和草原局）

樊君厚（呼和浩特市托克托县林业和草原局）

王云生（呼和浩特市清水河县林业和草原局）

乔宏龙（呼和浩特市清水河县林业和草原局）

丛　林（内蒙古农业大学）

孟　达（内蒙古农业大学）

蒋萌萌（鄂尔多斯市鄂托克前旗林业和草原局）

迁力根（乌兰察布市察哈尔右翼后旗乌兰哈达苏木人民政府）

曹　雪（河北省保定市农业发展集团）

前　　言

草原生态系统是我国一种重要的陆地生态系统；草原不仅是我国重要的自然资源，也是草原畜牧业主要的生产资料，在涵养水源、防风固沙、维护生物多样性和促进畜牧业发展等方面具有重要的生态和生产功能，对维护国家生态和国土安全、牧区经济社会可持续发展等发挥着重要的基础性、战略性作用。近年来，受全球气候变化和过度利用草原的双重影响，我国草原有害生物正处在发生面积广、危害程度重、防控难度大的严峻阶段，对草原生态保护、畜牧业生产和人民健康构成严重威胁，已成为制约草原牧区生态、经济和社会可持续发展的重要因素。党的十八大从实现中华民族永续发展的战略高度，首次对建设生态文明作出了全面部署。习近平总书记提出“绿水青山就是金山银山”的理念，赋予我国草原建设前所未有的历史使命。草原有害生物防控是草原建设的重要保障，做好草原有害生物防治工作事关重大，必须采取有效措施遏制草原有害生物的危害，努力维护草原生态安全。

呼和浩特市地处内蒙古自治区中部，具有特殊的地理位置，同时承担着内蒙古自治区首府生态安全屏障的重要作用，全市草地面积为 831.89 万亩[①]。其草地类型可分为 5 个草地类、9 个草地亚类；其草地类分别为温性草甸草原类、温性典型草原类、低地草甸类、温性山地草甸类、沼泽类。全市可利用草原面积为 443 159.25 hm^2，占草原总面积的 91.64%；总产草量为 33 735.66 万 kg，单位可利用草原面积产草量约为 761.25 kg/hm^2。其草原面积大、分布广泛、类型多样、资源种类丰富，但部分草原仍然面临着开发频繁、荒漠化越发严重的生态问题。复杂多样的地理环境为丰富多彩的草原有害生物提供了生活与栖息的环境。为掌握呼和浩特市草原有害生物的种类、寄主、危害部位或危害方式、种群密度、分布范围、发生地点、发生面积、入侵物种、天敌资源等基本情况，在呼和浩特市林业和草原保护中心草原有害生物普查资金的资助下，本书编者团队对呼和浩特市草原有害生物进行了调查研究，并将主要结果汇集成此书。本书的出版有助于为呼和浩特市林业和草原保

注：①1 亩≈666.7 m^2。

护者、基层技术人员、管理人员提供科技普及，同时可为生产、教学及科研单位提供珍贵的科技参考资料。

本书按照新的分类系统将所调查的有害生物分为4大类，即鼠类、昆虫类、毒害草类、植物病原微生物类，并按分类等级顺序对不同有害生物分类排列。本书采用原色图片配文介绍的形式，从有害生物的名称、拉丁学名、寄主、形态特征、生境、症状、病原、分布范围、发生地点等方面进行相关信息描述。本书包括4篇，共介绍184种有害生物。其中，动物界脊索动物门5种，动物界节肢动物门119种，植物界38种，菌物界22种。本书包括大量有害生物原色生态图、寄主植物被害症状图、病原菌显微结构图，便于识别确认。书中的物种描述参考了近年来出版的同类文献和专著，并结合了作者多年来在生产实践和科研试验中所总结的技术和经验，同时在种类识别表述方面突出各有害生物的主要特征。书末附有附录（本书所有有害生物名录）、参考文献、中文名索引和拉丁名索引。

在本书的调查研究和编写过程中，得到内蒙古农业大学林学院、呼和浩特市林业和草原保护中心、呼和浩特市林业和草原局（赛罕分局、玉泉分局、回民分局）、呼和浩特市和林格尔县林业和草原局、呼和浩特市武川县林业和草原局、呼和浩特市托克托县林业和草原局、呼和浩特市清水河县林业和草原局、内蒙古林业和草原有害生物防治检疫总站等部门的大力支持和帮助，在此一并表示衷心感谢。

虽然编者对本书内容进行了精心的构思和安排，但由于水平有限，书中难免存在缺点或不足，恳请广大读者和专业人员批评指正。

编　者

2025年1月

目　　录

第 1 篇　动物界 Animalia　脊索动物门 Chordata

第 2 篇　动物界 Animalia　节肢动物门 Arthropoda

第 4 篇　菌物界 Fungi

第 1 篇

动物界 Animalia　脊索动物门 Chordata

第 1 章　啮齿目 Rodentia

1.1　仓鼠科 Cricetidae

短耳仓鼠 *Allocricetulus eversmanni*

寄主：草本植物种子、苦豆子、猪毛菜、禾本科植物。

形态特征：体形短而粗壮，四肢短小。尾短，整个尾呈明显的楔形。体背黄褐色带灰色，体被毛柔软，背毛毛基灰黑色，毛尖端黄褐色，在针毛间杂有纯黑色长毛。耳背黑灰色，基部色较浅，呈黄褐色。尾毛两色，上面同背毛，但色稍浅。四肢后背毛色与体背相同，但前肢后背毛色稍浅于体背或几呈白色；四肢腹面白色。短耳仓鼠如图 1.1 所示。

分布范围：新疆维吾尔自治区、内蒙古自治区、辽宁省、青海省、宁夏回族自治区、甘肃省、山西省、吉林省、陕西省、黑龙江省、河北省等。

发生地点：呼和浩特市武川县、和林格尔县、回民区、赛罕区。

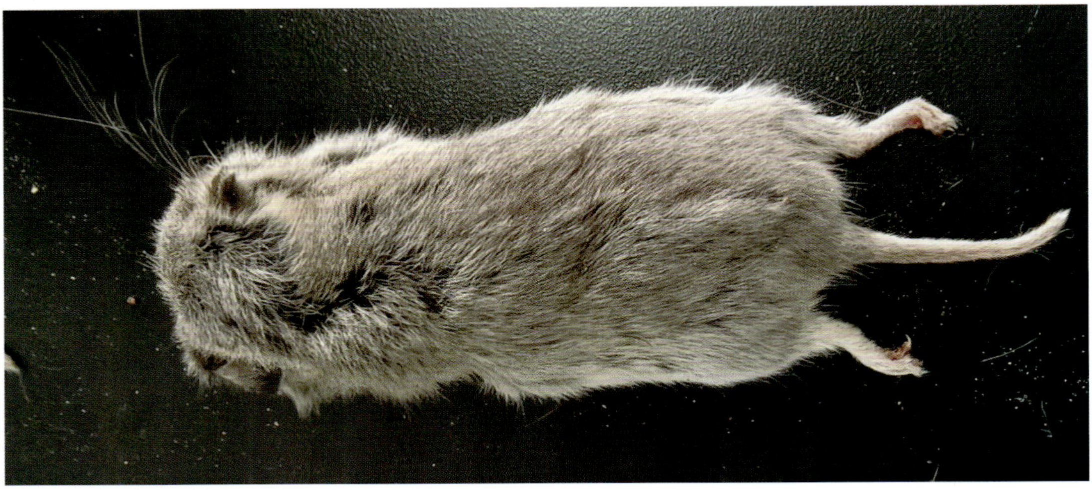

图 1.1　短耳仓鼠

长爪沙鼠 *Meriones unguiculatus*

寄主：锦鸡儿、沙棘、禾本科植物。

形态特征：体长 90～132 mm；尾长 82～106 mm，为体长的 70%～90%；后足长 21～32 mm；耳长 9～17 mm。耳壳前缘列生有灰白色长毛，耳内侧靠顶端有少而短的毛，其余部分几乎是裸露的。后肢跖部及掌部全部有细毛。趾端有爪，呈锥形。尾长而粗，尾上被密毛，尾端的毛较长，在末端形成“毛束”。长爪沙鼠如图 1.2 所示。

分布范围：内蒙古自治区、河北省、山西省、宁夏回族自治区、陕西省、甘肃省、黑龙江省、吉林省、辽宁省等。

发生地点：呼和浩特市和林格尔县。

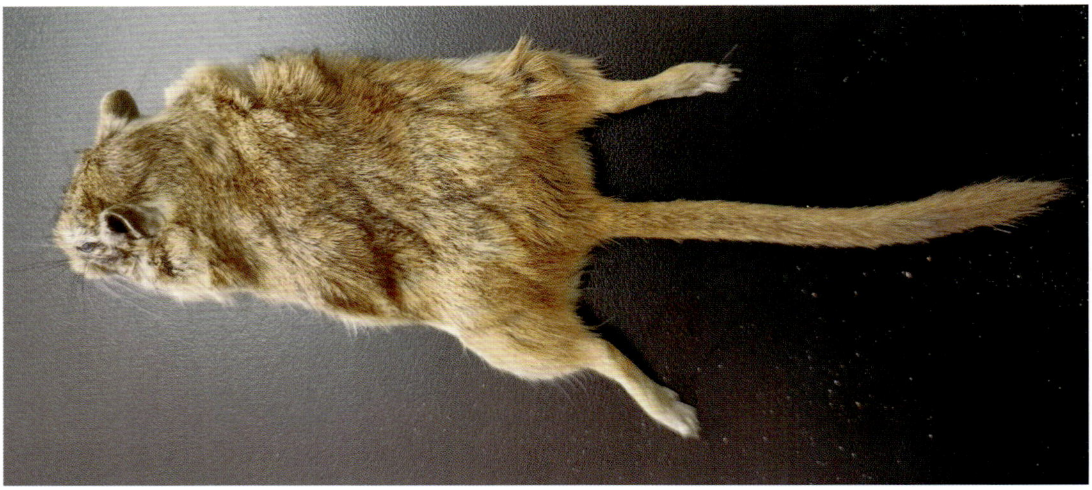

图 1.2　长爪沙鼠

中华鼢鼠 ***Myospalax fontanieri***

寄主：沙棘、锦鸡儿、禾本科植物。

形态特征：头宽扁，鼻端平钝。四肢较短，前肢第 2、3 指爪近等长，呈镰刀形。尾短，尾毛稀疏。背部带有明显的锈红色。毛基灰褐色并常显露于外。额部中央有一大小不等、形状不规则的白斑点。腹毛灰黑色，毛尖稍带锈红色。尾毛污白色。中华鼢鼠如图 1.3 所示。

分布范围：甘肃省、青海省、宁夏回族自治区、陕西省、山西省、河北省、内蒙古自治区、四川省、湖南省等。

发生地点：呼和浩特市和林格尔县。

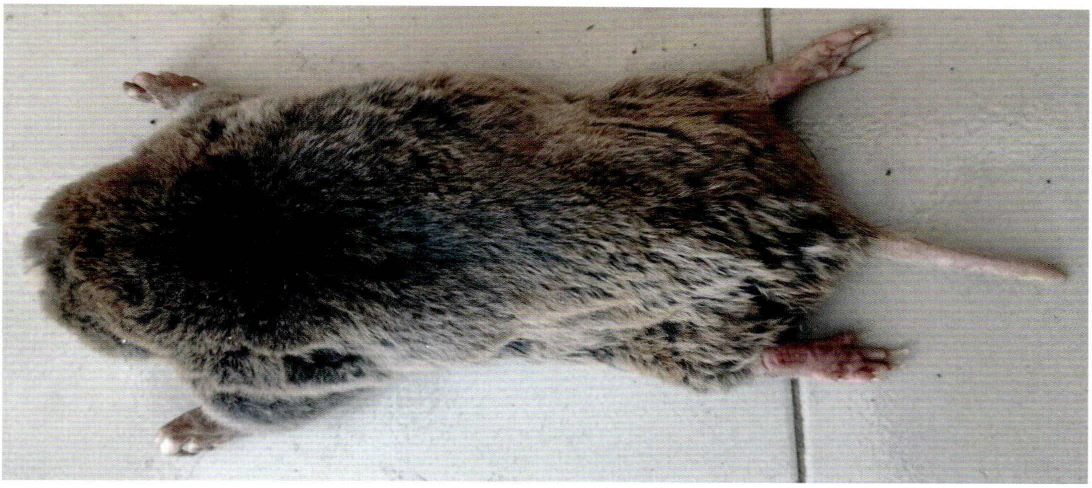

图 1.3　中华鼢鼠

1.2 跳鼠科 Dipodidae

五趾跳鼠 ***Allactaga sibirica***

寄主：麻黄、骆驼刺、锦鸡儿、禾本科杂草。

形态特征：耳大，前折可达鼻端。头圆，眼大。后肢长为前肢的 3～4 倍，后足具 5 趾。尾长约为体长的 1.5 倍。背部及四肢外侧毛尖浅棕黄色，毛基灰色。头顶及两耳内外均为淡沙黄色。尾背面黄褐色，腹面浅黄色，末端有黑、白色长毛形成的毛束。五趾跳鼠如图 1.4 所示。

分布范围：黑龙江省、辽宁省、吉林省、河北省、山西省、内蒙古自治区、陕西省、宁夏回族自治区、青海省、新疆维吾尔自治区等。

发生地点：呼和浩特市和林格尔县、武川县、托克托县、清水河县。

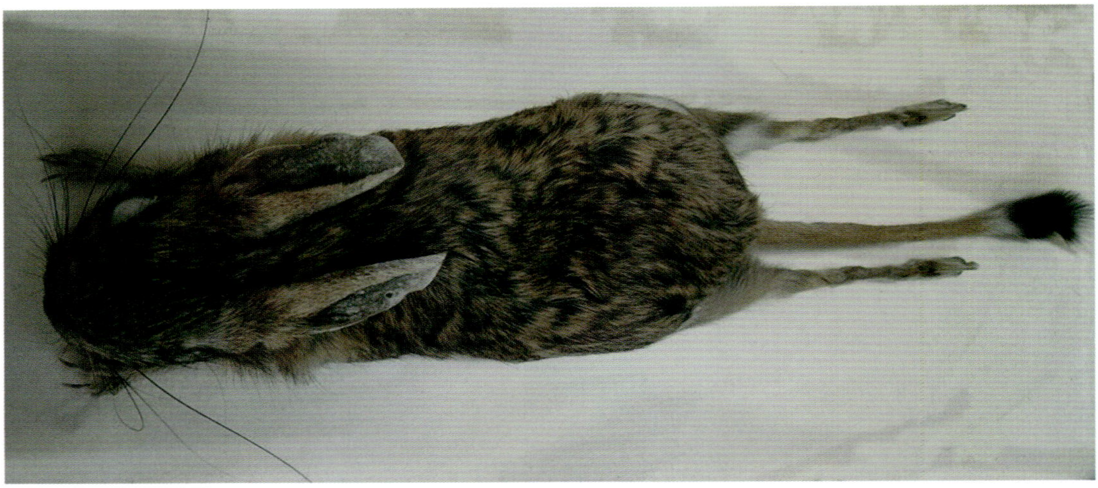

图 1.4　五趾跳鼠

1.3 松鼠科 Sciuridae

达乌尔黄鼠 *Spermophilus dauricus*

寄主：禾本科杂草。

形态特征：体形肥胖，体长 163～230 mm，体重 154～264 g。雌体有乳头 5 对。前足掌部裸出，掌垫 2 枚、趾垫 3 枚。后足长 30～39 mm，被毛，有趾垫 4 枚。尾短，尾端毛蓬松。头和眼大。耳廓小，耳长 5～10 mm，成嵴状，乳突宽 20.3～22.2 mm。脊毛呈深黄色并带褐黑色。尾毛与背毛颜色相同，尾有不发达的毛束，末端毛有黑白色的环。四肢、足背面为沙黄色。爪黑褐色。达乌尔黄鼠如图 1.5 所示。

分布范围：黑龙江省、吉林省、内蒙古自治区、河北省、山东省、山西省、陕西省、青海省、宁夏回族自治区、甘肃省等。

发生地点：呼和浩特市武川县、托克托县、赛罕区、玉泉区、清水河县、土默特左旗、新城区。

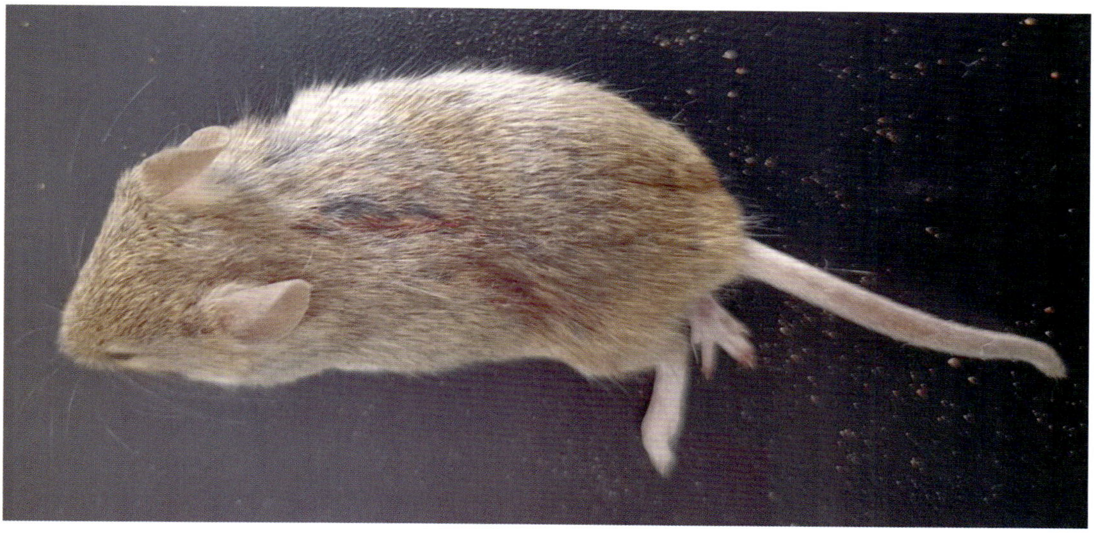

图 1.5 达乌尔黄鼠

第 2 篇

动物界 Animalia　节肢动物门 Arthropoda

第 2 章　直翅目 Orthoptera

2. 1　网翅蝗科 Arcypteridae

白边雏蝗 ***Chorthippus albomarginatus***

寄主：禾本科植物及其他杂草。

形态特征：体色为褐色。雌雄两性前翅发达，缘前脉域狭长，超过前翅之中部。前翅前缘脉域基部常具白色纵纹。后足股节内侧基部无暗色斜纹，后足股节顶端及胫节的基部通常淡色。白边雏蝗如图 2.1 所示。

分布范围：黑龙江省、新疆维吾尔自治区、内蒙古自治区、宁夏回族自治区等。

发生地点：呼和浩特市武川县。

图 2.1 白边雏蝗

白纹雏蝗 *Chorthippus albonemus*

寄主：长芒草、赖草等禾本科植物。

形态特征：体色为深褐色或草绿色。前胸背板具明显的黄白色“×”形纹，沿侧隆线具黑色纵带纹。前翅中脉域具一列大黑斑。后足股节内侧基部具黑斜纹，上隆线具 6～8 个黑点。后足胫节橙黄色或黄褐色。白纹雏蝗如图 2.2 所示。

分布范围：宁夏回族自治区、内蒙古自治区、甘肃省、青海省、陕西省等。

发生地点：呼和浩特市和林格尔县、武川县。

图 2.2 白纹雏蝗

黑翅雏蝗 *Chorthippus aethalinus*

寄主：禾本科植物。

形态特征：体色为暗褐色。触角丝状，超过前胸背板后缘。复眼呈长卵形。前胸背板前缘平直，后缘呈钝角形凸出。后足胫节外侧具刺 11～13 个，内侧具刺 11～13 个。前翅褐色，后翅黑色。后足股节外侧及上侧具 2 个暗黑色横斑，内侧基部具黑色斜纹。后足胫节橙黄色，基部黑褐色。黑翅雏蝗如图 2.3 所示。

分布范围：黑龙江省、吉林省、河北省、山西省、宁夏回族自治区、陕西省、甘肃省、内蒙古自治区等。

发生地点：呼和浩特市托克托县、清水河县。

图 2.3　黑翅雏蝗

狭翅雏蝗 *Chorthippus dubius*

寄主：禾本科的碱茅、针茅、披碱草；莎草科的苔草、嵩草；豆科的黄芪、苜蓿、草木樨；蔷薇科的委陵菜；菊科的蒲公英、紫菀、光沙蒿等。

形态特征：体色为黑褐色或黄褐色。头侧窝呈狭长四角形。颜面倾斜。触角细长，前翅较短，中部较宽，近顶端较狭尖，中脉域较宽。后足股节内侧基部具黑色斜纹。狭翅雏蝗如图 2.4 所示。

分布范围：青海省、甘肃省、内蒙古自治区、新疆维吾尔自治区、河北省、黑龙江省、吉林省、辽宁省等。

发生地点：呼和浩特市和林格尔县、赛罕区、清水河县。

图 2.4　狭翅雏蝗

中宽雏蝗 *Chorthippus apricarius*

寄主：禾本科植物。

形态特征：体色为暗褐色。体中小型，匀称。头侧窝呈狭长四角形。触角丝状，细长，超过前胸背板后缘。后足股节顶端淡色，内侧具有暗色斜纹。后翅透明。中宽雏蝗如图 2.5 所示。

分布范围：黑龙江省、吉林省、辽宁省、内蒙古自治区、新疆维吾尔自治区等。

发生地点：呼和浩特市托克托县、和林格尔县、赛罕区、武川县。

图 2.5　中宽雏蝗

北方雏蝗 *Chorthippus hammarstroemi*

寄主：禾本科作物及牧草。

形态特征：体色为黄褐色、褐色、黄绿色。体小型。颜面倾斜。头侧窝呈四角形。触角细长，超过前胸背板后缘。前胸背板前缘平直，后缘钝角形凸出，前翅发达。后足股节匀称。尾须粗短。前胸背板侧隆线处具不明显的暗色纵纹。后足股节橙黄色或黄褐色，内侧基部无黑色斜纹，膝部黑色。北方雏蝗如图 2.6 所示。

分布范围：黑龙江省、河北省、北京市、山西省、山东省、陕西省、宁夏回族自治区、甘肃省、内蒙古自治区等。

发生地点：呼和浩特市玉泉区。

图 2.6　北方雏蝗

华北雏蝗 *Chorthippus brunneus*

寄主：小麦、糜子、谷子、蔬菜、禾本科牧草等。

形态特征：体色为褐色。体中小型。头顶前缘明显呈钝角形。前翅狭长，超过后足股节顶端。前胸背板侧隆线处具黑色纵纹，前翅褐色，在翅顶 1/3 处具一淡色纹。后翅透明，本色。后足股节内侧基部具黑色斜纹，膝部淡色，后足胫节黄褐色。华北雏蝗如图 2.7 所示。

分布范围：黑龙江省、吉林省、辽宁省、河北省、北京市、山西省、内蒙古自治区、宁夏回族自治区、陕西省、新疆维吾尔自治区、青海省、西藏自治区、甘肃省等。

发生地点：呼和浩特市武川县、和林格尔县。

图 2.7　华北雏蝗

小翅雏蝗 *Chorthippus fallax*

寄主：禾本科、莎草科牧草及苜蓿、谷子、麦类等作物。

形态特征：体色为黄褐色或绿褐色。头部较短，短于前胸背板，顶端宽阔。后翅很短，呈鳞片状。后足股节黑色，胫节黄褐色。爪间中垫较长，顶端超过爪的中部。小翅雏蝗如图 2.8 所示。

分布范围：青海省、甘肃省、新疆维吾尔自治区、内蒙古自治区、吉林省、山西省、河北省等。

发生地点：呼和浩特市和林格尔县、武川县、托克托县。

图 2.8　小翅雏蝗

宽翅曲背蝗 *Pararcyptera microptera meridionalis*

寄主：禾本科牧草及小麦、莜麦、荞麦等。

形态特征：体色为黄褐色、褐色或黑褐色，侧片中部具淡色斑。体中型。头部较大，侧缘和前线的隆线明显，头侧窝呈长方形。前胸背板宽平。前缘较平直，后缘呈圆弧形。后足胫节缺外端刺。前翅具有细碎黑色斑点，前缘脉域具较宽的黄白色纵纹。后足股节黄褐色，具 3 个暗色横斑。宽翅曲背蝗如图 2.9 所示。

分布范围：黑龙江省、吉林省、辽宁省、内蒙古自治区、甘肃省、青海省、河北省、山西省、陕西省、山东省等。

发生地点：呼和浩特市托克托县、武川县。

图 2.9 宽翅曲背蝗

2.2　斑翅蝗科 Oedipodidae

红翅皱膝蝗 *Angaracris rhodopa*

寄主：菊科、禾本科牧草。

形态特征：体色为浅绿色或黄褐色。头顶宽平，与颜面隆起形成圆形。头侧窝明显。前后翅发达，超过后足胫节中部。后足股节外侧黄绿色，具不太明显的 3 个暗色横斑；内侧橙红色，具 2 个黑斑，近端部具一黄色膝前环。红翅皱膝蝗如图 2.10 所示。

分布范围：内蒙古自治区、甘肃省、青海省、陕西省、山西省、河北省、黑龙江省等。

发生地点：呼和浩特市和林格尔县、玉泉区、回民区、武川县、托克托县、赛罕区、清水河县。

图 2.10　红翅皱膝蝗

鼓翅皱膝蝗 *Angaracris barabensis*

寄主：马铃薯、大豆、蔬菜、禾本科作物、杂草等。

形态特征：体色为灰绿色、棕绿色或灰棕色，具明显的黑斑。体中型。头顶宽短。触角丝状，超过前胸背板的后缘。前、后翅发达。后翅基部黄色或黄绿色。后足股节基部内侧和下侧的基半部黑色。后足胫节黄色或稍呈红色，胫节刺端部黑色。鼓翅皱膝蝗如图 2.11 所示。

分布范围：黑龙江省、内蒙古自治区、河北省、山西省、宁夏回族自治区、青海省、甘肃省等。

发生地点：呼和浩特市和林格尔县、赛罕区、回民区、武川县、托克托县、玉泉区、清水河县。

图 2.11　鼓翅皱膝蝗

亚洲小车蝗 *Oedaleus decorus asiaticus*

寄主：玉米、小麦、谷类、高粱、芦苇、茅草。

形态特征：体色为褐色带绿色，有深褐色斑。后翅基部淡黄绿色，中部有车轮形褐色带纹。后足腿节顶端黑色，上侧和内侧有 3 个黑斑。后足胫节红色，基部的淡黄褐色环不明显，上侧常混红色。亚洲小车蝗如图 2.12 所示。

分布范围：内蒙古自治区、宁夏回族自治区、甘肃省、青海省、河北省、陕西省、山东省等。

发生地点：呼和浩特市和林格尔县、赛罕区、玉泉区、武川县、托克托县、清水河县、回民区、土默特左旗、新城区。

图 2.12　亚洲小车蝗

黄胫小车蝗 *Oedaleus infernalis*

寄主：小麦、水稻等作物及杂草。

形态特征：体色为绿色或黄褐色。头短，颜面垂直或微向后倾斜。复眼呈卵圆形。前后翅发达，后翅基部淡黄色。触角丝状，到达或超过前胸背板后缘。前胸背板中部略窄，中胸腹板侧叶间的中隔较宽。黄胫小车蝗如图 2.13 所示。

分布范围：河北省、陕西省、山东省、江苏省、安徽省、福建省、内蒙古自治区等。

发生地点：呼和浩特市和林格尔县、托克托县、武川县。

图 2.13　黄胫小车蝗

黑条小车蝗 *Oedaleus decorus*

寄主：玉米、小麦、水稻、高粱、芦苇、茅草。

形态特征：体色为淡褐色、黄褐色或在颜面、颊、前胸背板、前翅基部及后足股节处具绿斑。体形中等。头大而圆。头顶宽短。后翅宽大。后足胫节上侧外缘具刺 10～11 个，内缘具刺 9～11 个。前翅基半具大块黑斑 2～3 个，端部具细碎不明显的褐色斑。后翅基部淡黄绿色。后足胫节基部淡褐色。黑条小车蝗如图 2.14 所示。

分布范围：新疆维吾尔自治区、甘肃省、内蒙古自治区、宁夏回族自治区等。

发生地点：呼和浩特市武川县、清水河县。

图 2.14　黑条小车蝗

黄胫异痂蝗 *Bryodemella holdereri*

寄主：小麦、谷子、杂草等禾本科和莎草科植物。

形态特征：体色为黄褐色。颜面侧观垂直，并且隆起略低凹，头顶短宽。触角丝状，略长，超过前胸背板的前缘。前后翅均发达。后足股节下膝侧片较宽，下缘线呈圆形。后足胫节黄色。前翅散布暗色斑点，后翅端部本色透明。黄胫异痂蝗如图 2.15 所示。

分布范围：黑龙江省、吉林省、内蒙古自治区、青海省、甘肃省等。

发生地点：呼和浩特市武川县、和林格尔县。

图 2.15　黄胫异痂蝗

轮纹异痂蝗 *Bryodemella tuberculatum*

寄主：小麦、谷子、杂草等禾本科和莎草科植物。

形态特征：体色为暗褐色。前翅散布暗色斑点。后翅基部玫瑰色，中部具烟色横纹，端部本色透明。后足股节上侧具 3 个黑色斑纹，内侧及底侧黑色，近端部具黄色斑纹。轮纹异痂蝗如图 2.16 所示。

分布范围：河北省、黑龙江省、辽宁省、吉林省、内蒙古自治区、新疆维吾尔自治区、青海省、山西省、山东省、陕西省等。

发生地点：呼和浩特市武川县、和林格尔县。

图 2.16　轮纹异痂蝗

蒙古束颈蝗 *Sphingonotus mongolicus*

寄主：禾本科、莎草科植物。

形态特征：体色通常为黄褐色、灰褐色或暗褐色。体形中等。头短，头顶微低凹。触角丝状，超过前胸背板的后缘。前翅狭长，到达后足胫节的端部，后足股节匀称。前翅基部 1/3 和中部具明显的暗色横纹带。后足股节内侧蓝黑色，端部为淡色。后足胫节污黄白色。蒙古束颈蝗如图 2.17 所示。

分布范围：黑龙江省、辽宁省、吉林省、山东省、山西省、河北省、内蒙古自治区、陕西省、甘肃省、河南省等。

发生地点：呼和浩特市武川县。

图 2.17　蒙古束颈蝗

疣蝗 *Trilophidia annulata*

寄主：芦苇、稗、白茅、狗牙草及蒿类植物。

形态特征：体色为黄褐色或暗灰色，体上有许多颗粒状凸起。两复眼间有一粒状凸起。前翅长，超过后足胫节中部。后足股节粗短，有 3 个暗色横斑。后足胫节有 2 个较宽的淡色环纹。疣蝗如图 2.18 所示。

分布范围：黑龙江省、辽宁省、吉林省、山东省、山西省、河北省、内蒙古自治区、陕西省等。

发生地点：呼和浩特市清水河县、武川县。

图 2.18　疣蝗

白边痂蝗 *Bryodema luctuosum*

寄主：富贵草、针茅、碱草、赖草。

形态特征：体色常有变异，具有细小的暗色斑点。体中大型。头短小，由侧面看，略高于前胸背板。头顶宽短，头侧窝呈不规则的圆形。触角丝状，较长。前翅发达，尾须圆柱状。前翅的暗色斑点明显，但无明显的暗色横纹。后翅基部暗黑色。白边痂蝗如图 2.19 所示。

分布范围：甘肃省、青海省、内蒙古自治区、黑龙江省、辽宁省、吉林省、河北省、山西省、西藏自治区等。

发生地点：呼和浩特市武川县。

图 2.19　白边痂蝗

大垫尖翅蝗 *Epacromius coerulipes*

寄主：禾本科、豆科、菊科、藜科、蓼科等牧草及玉米、高粱、谷子、小麦等作物。

形态特征：体色为暗褐色、褐色、黄褐色或黄绿色。前翅发达。后足股节上侧有 3 条暗色横纹，淡黄色，有 3 个不完整的淡色环。股节内侧的 3 个横斑明显，股节底侧玫瑰色。股节刺的顶端黑色。大垫尖翅蝗如图 2.20 所示。

分布范围：西北、华北、东北地区及江苏省等。

发生地点：呼和浩特市和林格尔县、武川县。

图 2.20　大垫尖翅蝗

2.3 斑腿蝗科 Catantopidae

无齿稻蝗 *Oxya adentata*

寄主：黄豆、棉花、水稻、小麦、玉米。

形态特征：体色大部分为绿色。体形中等，细长。触角丝状，其长仅到达前胸背板后缘。头顶短宽。后足股节较细。前翅绿色或前缘绿色、后部为褐色。后翅透明本色。后足股节绿色，膝部之上膝侧片淡褐色。后足胫节绿色或青绿色，基部淡褐色。无齿稻蝗如图2.21所示。

分布范围：甘肃省、内蒙古自治区、河北省、河南省、宁夏回族自治区等。

发生地点：呼和浩特市回民区。

图 2.21　无齿稻蝗

短星翅蝗 *Calliptamus abbreviatus*

寄主：豆科及禾本科植物。

形态特征：体色为褐色或黑褐色。体形小至中等。触角丝状，细长，超过前胸背板后缘。后足股节粗短。前翅具有许多黑色小斑点。后足股节内侧红色，具2个不完整的黑纹带，基部有不明显的黑斑点。后足胫节红色。短星翅蝗如图2.22所示。

分布范围：东北、华北、华东、华中、华南等地区。

发生地点：呼和浩特市武川县、托克托县、和林格尔县、赛罕区、回民区、清水河县、玉泉区、新城区。

图 2.22 短星翅蝗

黑腿星翅蝗 *Calliptamus barbarus*

寄主：禾本科、莎草科植物。

形态特征：体色通常为黄褐色或褐色。体形小至中等。触角丝状。前胸背板圆柱状，前缘呈圆弧形，后缘呈宽钝角状。前翅略不到达或超过后足股节的顶端。前翅具黑斑点，后翅基部红色或玫瑰色。后足胫节内侧橙红色，具一较大的卵形黑色斑块。黑腿星翅蝗如图 2.23 所示。

分布范围：青海省、甘肃省、内蒙古自治区、宁夏回族自治区等。

发生地点：呼和浩特市武川县。

图 2.23 黑腿星翅蝗

2.4 剑角蝗科 Acrididae

中华剑角蝗 *Acrida cinerea*

寄主：广泛。

形态特征：体色为绿色或褐色。体中大型。头顶凸出，触角剑状。复眼呈长卵形。前翅发达。褐色个体前翅中脉域具黑色纵条，中闰脉处具一列淡色短条纹。后翅淡绿色。后足股节和胫节绿色或褐色。中华剑角蝗如图 2.24 所示。

分布范围：黑龙江省、北京市、河北省、内蒙古自治区、海南省、贵州省、浙江省、四川省、云南省等。

发生地点：呼和浩特市和林格尔县、赛罕区、回民区、武川县、托克托县、清水河县、玉泉区、土默特左旗、新城区。

图 2.24　中华剑角蝗

2.5 锥头蝗科 Pyrgomorphidae

短额负蝗 *Atractomorpha sinensis*

寄主：禾本科植物以及豆类、棉花和蔬菜。

形态特征：体色为绿色或褐色。雄虫体长 21～25 mm，雌虫体长 35～45 mm。头部削尖，向前凸出，侧缘具黄色瘤状小凸起。前翅绿色，超过腹部。后翅基部红色，端部淡绿色。短额负蝗如图 2.25 所示。

分布范围：东北、华北、西北、华中、华南、西南地区以及台湾省等。

发生地点：呼和浩特市和林格尔县、清水河县。

图 2.25　短额负蝗

2.6 癞蝗科 Pamphagidae

笨蝗 *Haplotropis brunneriana*

寄主：禾本科单子叶草类（莣草、白草、狗尾草及菅）、双子叶杂草类（尖裂假还阳参、米口袋、地肤及藜）等。

形态特征：体色为黄褐色、褐色或暗褐色。体形粗壮。头较短小，其长明显短于前胸背板。前翅短小，后翅甚小。前胸背板侧片具不规则淡色斑纹。前翅前缘之半暗褐色，后缘之半色较淡。笨蝗如图 2.26 所示。

分布范围：北京市、河北省、河南省、内蒙古自治区等。

发生地点：呼和浩特市和林格尔县。

图 2.26　笨蝗

2.7　蚱科 Tetrigoidea

日本蚱 ***Tetrix japonica***

寄主：番薯、水稻、小麦、甘蔗等作物。

形态特征：体色为褐色至深褐色。体小型，具小颗粒。头部凸起。触角丝状。前翅卵形，后翅未达、到达或略超过前胸背板末端。日本蚱如图 2.27 所示。

分布范围：全国各地均有分布。

发生地点：呼和浩特市武川县。

图 2.27　日本蚱

2.8 螽斯科 Tettigoniidae

优雅蝈螽 *Gampsocleis gratiosa*

寄主：大豆、水稻、烟草、蔬菜、牧草等。

形态特征：体色通常为草绿或褐绿色。体形粗壮，中等偏大。头大。前胸背板宽大，似马鞍形，侧板下缘和后缘镶以白边。前翅较短。后翅极小，呈翅芽状。优雅蝈螽如图 2.28 所示。

分布范围：全国各地均有分布。

发生地点：呼和浩特市赛罕区。

图 2.28 优雅蝈螽

中华草螽 *Conocephalus chinensis*

寄主：水稻、禾谷类作物、牧草。

形态特征：头部呈圆锥形，尖而斜。头顶显著向前凸出，边缘有白色的细条纹，两侧有黄色条纹。触角鞭状，大致与体等长，绿色。前翅绿色，伸过腹部，右前翅有透明的发声器。腹部背面中央有褐色的纵带。中华草螽如图 2.29 所示。

分布范围：内蒙古自治区、吉林省、河南省、陕西省、四川省、广西壮族自治区、江苏省、江西省、山东省、甘肃省等。

发生地点：呼和浩特市托克托县。

图 2.29　中华草螽

第 3 章　鳞翅目 Lepidoptera

3.1　眼蝶科 Satyridae

蛇眼蝶 *Minois dryas*

寄主：水稻、芒草。

形态特征：翅正面黑褐色，翅背面色略淡。前翅 2 枚眼纹明显较正面大，具棕黄圈。缘线黑色，缘毛黑褐色。蛇眼蝶如图 3.1 所示。

分布范围：黑龙江省、山东省、河北省、山西省、陕西省、新疆维吾尔自治区、河南省、浙江省、江西省、福建省、内蒙古自治区等。

发生地点：呼和浩特市赛罕区、玉泉区、武川县、托克托县、清水河县、和林格尔县、回民区。

图 3.1　蛇眼蝶

白眼蝶 *Melanargia halimede*

寄主：水稻、甘蔗、竹。

形态特征：中小型蝶，翅展约 50 mm。翅白色，翅脉黑褐色，翅面具黑色斑纹。前翅近顶角及中部有 2 条黑色不规则斜带，外缘带黑褐色。后翅亚外缘带黑褐色，锯齿状。白眼蝶如图 3.2 所示。

分布范围：北京市、山西省、内蒙古自治区、陕西省、宁夏回族自治区、浙江省等。

发生地点：呼和浩特市和林格尔县、清水河县。

图 3.2　白眼蝶

华北白眼蝶 *Melanargia epimede*

寄主：水稻、甘蔗、竹。

形态特征：翅面黑色占 1/2，中室 3/4 白色、无横线，中部黑色不规则斜带常中断，黑色斑发达。前翅前缘基半部黑色端区有斜带，后翅无基横带。华北白眼蝶如图 3.3 所示。

分布范围：重庆市、陕西省、吉林省、宁夏回族自治区、内蒙古自治区、北京市、河北省等。

发生地点：呼和浩特市清水河县、和林格尔县、玉泉区。

图 3.3　华北白眼蝶

仁眼蝶 *Eumenis autonoe*

寄主：禾本科植物。

形态特征：翅棕褐色。前翅亚外缘前后有 2 个黄白色斑，斑内各有 1 个黑色眼斑。后翅有 1 条白色曲折的中带。前后翅背面各有 1 条黑褐色亚外缘线。后翅脉纹白色。仁眼蝶如图 3.4 所示。

分布范围：陕西省、山西省、甘肃省、黑龙江省、内蒙古自治区等。

发生地点：呼和浩特市和林格尔县、清水河县、玉泉区。

图 3.4　仁眼蝶

牧女珍眼蝶 *Coenonympha amaryllis*

寄主：香附子、油莎草等莎草科植物。

形态特征：翅展 38～40 mm。翅面土黄色。翅背面色淡，前翅亚缘区有一列黑色眼纹，后翅亚缘区一列 6 个黄圈黑眼纹。前后翅亚前缘线银白色，波状，内侧有橙色条纹。牧女珍眼蝶如图 3.5 所示。

分布范围：黑龙江省、辽宁省、吉林省、内蒙古自治区、北京市、山东省、河北省、河南省、浙江省、宁夏回族自治区、陕西省、甘肃省、青海省、新疆维吾尔自治区等。

发生地点：呼和浩特市玉泉区。

图 3.5　牧女珍眼蝶

3.2 粉蝶科 Pieridae

斑缘豆粉蝶 *Colias erate*

寄主：大豆、苜蓿等植物。

形态特征：翅展 45～55 mm。雄蝶翅黄色。前翅外缘有宽阔的黑色横带，其中部镶嵌 1 列黄色斑纹，中室端有 1 枚黑色的小圆斑。后翅外缘的黑色纹多相连成列，中室端的圆斑点在正面为橙黄色，背面则呈银白色，外围褐色框。雌蝶翅面为淡黄绿色或淡白色。翅背面颜色较淡，亚端有 1 列暗色斑。斑缘豆粉蝶如图 3.6 所示。

分布范围：东北、华北、华中地区及新疆维吾尔自治区、西藏自治区、江苏省、浙江省、福建省、云南省等。

发生地点：呼和浩特市和林格尔县、赛罕区、玉泉区、托克托县、回民区、武川县、清水河县。

图 3.6　斑缘豆粉蝶

黎明豆粉蝶 *Colias heos*

寄主：豆科植物。

形态特征：翅面橙红色，中室端黑斑大。后翅中室橙红色斑大，臀域和外缘黑褐色。前后翅亚缘均有淡黄色斑列。后翅中室端有大小白点各 1 个。黎明豆粉蝶如图 3.7 所示。

分布范围：陕西省、甘肃省、四川省、内蒙古自治区等。

发生地点：呼和浩特市和林格尔县。

图 3.7 黎明豆粉蝶

云粉蝶 *Pontia edusa*

寄主：萝卜、白菜、甘蓝、油菜、荠菜等十字花科蔬菜及豆科牧草。

形态特征：前翅白色，正面有一个大的黑色中室端斑，顶角上有 3～4 个小白斑，顶角处的白斑有一条白线连到翅缘；背面中室基半部覆黄绿色鳞粉，颜色为黄绿色。后翅正面前缘中部有一个黑斑；背面黄绿色，中室内有一个圆形的白斑。云粉蝶如图 3.8 所示。

分布范围：黑龙江省、吉林省、辽宁省、新疆维吾尔自治区、青海省、陕西省、宁夏回族自治区、内蒙古自治区、河北省、河南省、山西省、山东省、江西省、浙江省、广东省、广西壮族自治区、四川省、贵州省、西藏自治区、甘肃省等。

发生地点：呼和浩特市和林格尔县、玉泉区、回民区、武川县、托克托县、赛罕区、清水河县。

图 3.8 云粉蝶

菜粉蝶 *Pieris rapae*

寄主：各种蔬菜。

形态特征：体色为粉白色。头大，触角较前翅中室略短，背面黑褐色。胸背部底色为深黑色。前翅呈长三角形，翅面白色，近基部散布黑色鳞片，外缘白色。后翅略呈卵圆形，白色。前翅背面大部白色，顶角区密被淡黄色鳞。菜粉蝶如图 3.9 所示。

分布范围：黑龙江省、吉林省、辽宁省、新疆维吾尔自治区、青海省、陕西省、宁夏回族自治区、内蒙古自治区、河北省、河南省、山西省、山东省、江西省、浙江省、广东省、广西壮族自治区、四川省、贵州省、西藏自治区、甘肃省等。

发生地点：呼和浩特市托克托县、和林格尔县。

图 3.9　菜粉蝶

突角小粉蝶 *Leptidea amurensis*

寄主：羽扇豆属植物、山野豌豆。

形态特征：翅白色，前翅狭长，外缘近直线倾斜，顶角明显凸出，顶角黑斑大且明显。前翅背面白色，有黄色顶角斑，后翅有灰色阴影。突角小粉蝶如图 3.10 所示。

分布范围：黑龙江省、辽宁省、内蒙古自治区、北京市、河北省、陕西省、山西省、甘肃省、宁夏回族自治区、新疆维吾尔自治区、河南省等。

发生地点：呼和浩特市托克托县。

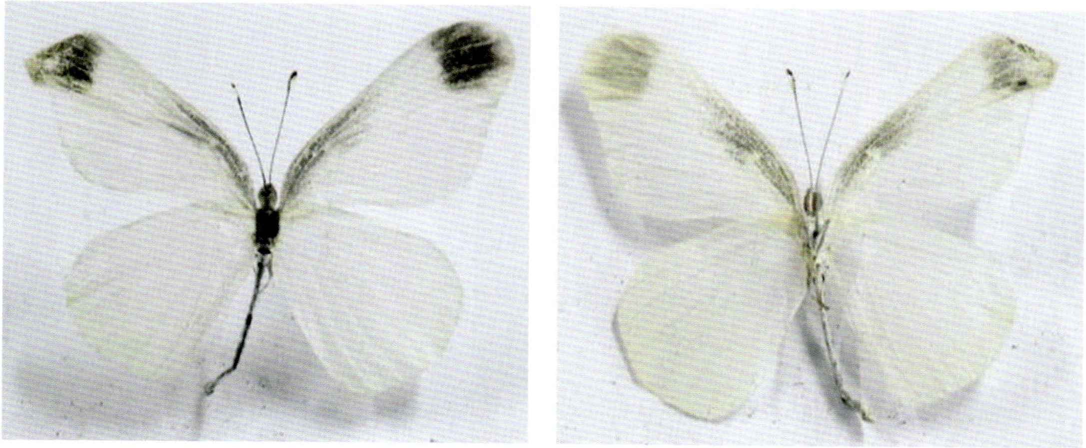

图 3.10 突角小粉蝶

尖钩粉蝶 *Gonepteryx mahaguru*

寄主：含羞草、决明等。

形态特征：雄蝶前翅浓黄色，顶角凸出，呈钩状；翅中室端部各有一橙黄色斑点。尖钩粉蝶如图 3.11 所示。

分布范围：黑龙江省、吉林省、辽宁省、内蒙古自治区、河北省、浙江省、四川省、北京市等。

发生地点：呼和浩特市清水河县。

图 3.11 尖钩粉蝶

3.3 蛱蝶科 Nymphalidae

灿福蛱蝶 *Fabriciana adippe*

寄主：堇菜科植物。

形态特征：翅面橙黄色，有黑色斑纹。前翅中室有 4 条弯曲的条纹，亚缘区有 1 列黑色圆斑（共 6 个）。后翅中室有 2 条黑色斑纹，亚缘区有黑色圆斑（共 5 个）。灿福蛱蝶如图 3.12 所示。

分布范围：黑龙江省、吉林省、内蒙古自治区、青海省、宁夏回族自治区、陕西省、河南省、山东省、江苏省、湖北省、江西省、四川省、贵州省、云南省、西藏自治区等。

发生地点：呼和浩特市和林格尔县、赛罕区、托克托县、清水河县。

图 3.12　灿福蛱蝶

小红蛱蝶 *Vanessa cardui*

寄主：堇菜科、忍冬科、杨柳科、桑科、榆科、麻类、大戟科、茜草科等植物。

形态特征：翅背面橘色、褐色。翅端黑色，有明显的白带和小白点。翅腹面颜色暗淡，褐色或灰色。小红蛱蝶如图 3.13 所示。

分布范围：河北省、内蒙古自治区、河南省、陕西省、宁夏回族自治区、甘肃省、青海省、四川省等。

发生地点：呼和浩特市托克托县、赛罕区。

图 3.13 小红蛱蝶

重环蛱蝶 *Neptis alwina*

寄主：桃、梅、李、杏及草。

形态特征：翅表黑褐色，斑纹白色。前翅中室纵带伸出室外，且前缘不光滑，顶角有一白斑。后翅中带直，翅里茶褐色。重环蛱蝶如图 3.14 所示。

分布范围：浙江省、北京市、黑龙江省、内蒙古自治区、宁夏回族自治区、甘肃省、河南省、山东省、陕西省、贵州省、云南省等。

发生地点：呼和浩特市武川县。

图 3.14 重环蛱蝶

单环蛱蝶 *Neptis rivularis*

寄主：绣线菊。

形态特征：翅面黑色，有白色斑纹。前翅中室白色长条纹分成 5 段，中室端下方有 2 个大白斑。后翅中部有 1 条横带纹，翅背面栗褐色。单环蛱蝶如图 3.15 所示。

分布范围：河北省、内蒙古自治区、青海省、陕西省、台湾省等。

发生地点：呼和浩特市和林格尔县。

图 3.15 单环蛱蝶

荨麻蛱蝶 *Aglais urticae*

寄主：荨麻科植物。

形态特征：翅面黄褐色或红褐色，斑纹黑色或黑褐色。前翅外缘齿状，橘红色，翅端呈镰形。前翅前缘黄色，有 3 块黑斑，外缘有一黑褐色宽带，中室内外及其下方各有一黑色斑纹。前翅后缘中部有一大黑斑，中域有 2 个较小黑斑。荨麻蛱蝶如图 3.16 所示。

分布范围：北京市、黑龙江省、吉林省、辽宁省、甘肃省、青海省、内蒙古自治区、新疆维吾尔自治区等。

发生地点：呼和浩特市回民区、玉泉区。

图 3.16　荨麻蛱蝶

3.4 灰蝶科 Lycaenidae

蓝灰蝶 *Everes argiades*

寄主：大豆、豌豆、豇豆、苜蓿、紫云英等豆科植物。

形态特征：翅背面灰白色，黑斑纹退化。后翅背面近基部有 2 个黑斑，后中部黑斑排列不规则，外缘有 2 列淡褐色斑。翅面蓝紫色，外缘黑色。蓝灰蝶如图 3.17 所示。

分布范围：黑龙江省、吉林省、内蒙古自治区、陕西省、宁夏回族自治区、河北省、河南省、山东省、浙江省、江西省、福建省、台湾省、海南省、四川省、贵州省、云南省、西藏自治区等。

发生地点：呼和浩特市和林格尔县、赛罕区、托克托县、清水河县、武川县。

图 3.17　蓝灰蝶

多眼灰蝶 *Polyommatus eros*

寄主：豆科、壳斗科、桑寄生科、蔷薇科、茜草科、景天科等植物。

形态特征：翅正面暗褐色，除缘点外有橙红色斑，前后翅各 6 个。翅背面灰白色，前翅有 2 列黑斑沿外缘弧形平行排列，中间夹有橙红色带，外横列斑有 7 个弓形弯曲。多眼灰蝶如图 3.18 所示。

分布范围：黑龙江省、吉林省、河北省、山东省、河南省、陕西省、宁夏回族自治区、甘肃省、青海省、四川省、西藏自治区、内蒙古自治区等。

发生地点：呼和浩特市和林格尔县、赛罕区、玉泉区、回民区、武川县、托克托县、清水河县。

图 3.18　多眼灰蝶

枯灰蝶 *Cupido minimus*

寄主：禾本科植物。

形态特征：前翅长 9～12 mm。翅黑褐色，翅基具蓝色光泽。翅背面灰白色，端半部具黑色斑列。前翅中室无斑，后翅基部仅具 2 个黑点。枯灰蝶如图 3.19 所示。

分布范围：甘肃省、吉林省、黑龙江省、北京市、内蒙古自治区等。

发生地点：呼和浩特市玉泉区、清水河县。

图 3.19　枯灰蝶

红珠灰蝶 *Lycaeides argyrognomon*

寄主：马兜铃科、芸香科、樟科、木兰科等植物。

形态特征：翅灰白色，半透明羽毛状。前翅及前缘布各有 1 层橙色鳞片。中室中部及横脉处各有不同大小的黑色斑。后翅外缘有淡黑色断续带纹。红珠灰蝶如图 3.20 所示。

分布范围：北京市、河北省、河南省、陕西省、内蒙古自治区、新疆维吾尔自治区、甘肃省等。

发生地点：呼和浩特市托克托县。

图 3.20　红珠灰蝶

3.5　弄蝶科 Hesperiidae

小赭弄蝶 *Ochlodes venata*

寄主：禾本科、莎草科植物。

形态特征：体色为黑色，腹面有黄色绒毛。翅正面黄褐色。前翅外缘有宽褐色带，翅基半部黄色，有一斜行黑色斑。后翅大部分黑褐色，中室黄色。小赭弄蝶如图 3.21 所示。

分布范围：北京市、黑龙江省、吉林省、辽宁省、内蒙古自治区、甘肃省、河南省、陕西省等。

发生地点：呼和浩特市和林格尔县。

图 3.21　小赭弄蝶

花弄蝶 *Pyrgus maculatus*

寄主：绣线菊、草莓、醋栗、黑莓等。

形态特征：体色为黑褐色，翅面有白斑。复眼黑褐色，光滑。触角棒状。腹面黄色至黄褐色，背面黑褐色，具黄色环。端部膨大处腹面黄色至浅橘红色，背面棕色。前翅黑褐色，翅脉端棕黑色。后翅、前翅同色。前足稍小，各足棕色。花弄蝶如图 3.22 所示。

分布范围：北京市、吉林省、黑龙江省、辽宁省、河北省、山东省、山西省、河南省、陕西省、四川省、西藏自治区、云南省、江西省、福建省、内蒙古自治区、青海省等。

发生地点：呼和浩特市和林格尔县。

图 3.22　花弄蝶

3.6 毒蛾科 Lymantriidae

舞毒蛾 *Lymantria dispar*

寄主：苹果、柿、梨、桃、杏、樱桃、栗、橡、杨、柳、桑、榆、落叶松、樟子松、栎、李、桦、山楂、槭、椴、云杉、马尾松、云南松、油松、华山松、红松等 500 多种植物。

形态特征：成虫雌雄异型。雄成虫前翅茶褐色，有四五条波状横带，外缘呈深色带状，中室中央有一黑点。雌虫前翅灰白色，每两条脉纹间有一个黑褐色斑点。腹末有黄褐色毛丛。舞毒蛾如图 3.23 所示。

分布范围：东北、华北、华中、西北等地区。

发生地点：呼和浩特市和林格尔县、托克托县。

图 3.23 舞毒蛾

柳毒蛾 *Stilpnotia salicis*

寄主：棉花、茶树、杨、柳、栎、栗、樱桃、梨、梅、杏、桃等。

形态特征：全体白色，具丝绢光泽。足的胫节和跗节生有黑白相间的环纹。柳毒蛾如图 3.24 所示。

分布范围：黑龙江省、内蒙古自治区、新疆维吾尔自治区、浙江省、江西省、湖南省、贵州省、云南省等。

发生地点：呼和浩特市武川县、和林格尔县、托克托县、清水河县。

图 3.24　柳毒蛾

3.7　枯叶蛾科 Lasiocampidae

苹枯叶蛾 *Odonestis pruni*

寄主：苹果、梨、桃、李、梅、樱桃及其他蔷薇科植物。

形态特征：全体赤褐色或橙褐色。触角黑褐色，分支红褐色。前翅内、外横线黑褐色，外缘锯齿状。后翅色泽较浅，有 2 条不太明显的深色横纹，外缘锯齿状。苹枯叶蛾如图 3.25 所示。

分布范围：黑龙江省、内蒙古自治区、福建省、广东省、广西壮族自治区、云南省、宁夏回族自治区、甘肃省、青海省、四川省等。

发生地点：呼和浩特市和林格尔县。

图 3.25　苹枯叶蛾

天幕毛虫 *Malacosoma* sp.

寄主：梨、苹果、海棠、花红、桃、李、杏、樱桃、榅桲、梅、杨、榆、柳、栎。

形态特征：体色为淡黄色至黄褐色。触角羽毛状。前翅具 2 条褐色细横线。天幕毛虫如图 3.26 所示。

分布范围：东北、华北等地区。

发生地点：呼和浩特市托克托县、赛罕区。

图 3.26　天幕毛虫

3.8 天蛾科 Sphingidae

黄脉天蛾 ***Amorpha amurensis***

寄主：小叶杨、山杨、桦、椴。

形态特征：翅灰褐色。翅上斑纹不明显，内线、中线、外线棕黑色波状，外缘自顶角到中部有棕黑色斑。后翅颜色与前翅颜色相同，横脉黄褐色明显。黄脉天蛾如图 3.27 所示。

分布范围：东北、华北、华西地区及新疆维吾尔自治区等。

发生地点：呼和浩特市和林格尔县、回民区、武川县、清水河县、托克托县。

图 3.27 黄脉天蛾

3.9 木蠹蛾科 Cossidae

芳香木蠹蛾 *Cossus cossus*

寄主：杨、柳、榆、槐、白蜡、栎、核桃、苹果、香椿、梨等。

形态特征：体色为灰乌色。触角扁线状。头、前胸淡黄色，中后胸、翅、腹部灰乌色，前翅翅面布满龟裂状黑色横纹。芳香木蠹蛾如图 3.28 所示。

分布范围：上海市、山东省及东北、华北、西北等地区。

发生地点：呼和浩特市清水河县。

图 3.28　芳香木蠹蛾

3.10　尺蛾科 Geometridae

蝶青尺蛾 ***Geometra papilionaria***

寄主：丁香、杨、水曲柳、椴。

形态特征：翅绿色。触角双栉形。额、头顶绿色。胸部背面绿色，腹部背面污白色。后翅顶角圆；外缘呈圆锯齿形，齿较前翅大；外线白色，呈浅锯齿形。前后翅缘毛基半部绿色，端半部白色。蝶青尺蛾如图 3.29 所示。

分布范围：湖北省、黑龙江省、北京市、内蒙古自治区、吉林省等。

发生地点：呼和浩特市和林格尔县、托克托县、武川县、玉泉区、清水河县。

图 3.29　蝶青尺蛾

双斜线尺蛾 ***Conchia mundataria***

寄主：栎、杨。

形态特征：触角双栉形。触角干白色，栉枝褐色。体背及翅白色，具丝质光泽。前翅前缘和外缘褐色并具 2 个褐色斜条，缘毛白色。前后翅面宽大。双斜线尺蛾如图 3.30 所示。

分布范围：辽宁省、吉林省、黑龙江省、内蒙古自治区、河北省、北京市、湖北省、江西省、江苏省、陕西省、山东省等。

发生地点：呼和浩特市和林格尔县。

图 3.30　双斜线尺蛾

桦尺蛾 *Biston betularia*

寄主：桦。

形态特征：浅灰色的翅膀上散布着一些黑色斑点。桦尺蛾如图 3.31 所示。

分布范围：辽宁省、吉林省、黑龙江省、内蒙古自治区、河北省、北京市等。

发生地点：呼和浩特市和林格尔县。

图 3.31　桦尺蛾

醋栗金星尺蛾 *Abraxas grossudariata*

寄主：柳、榛。

形态特征：体色为橙黄色。胸、腹部杏黄色，有灰褐色斑。触角丝状。前翅有显著的花纹，底色为白色，有多个横向的黑色斑点，部分与淡黄色的基部横带相连。后翅的颜色较浅并有少量比前翅小的显著斑点。醋栗金星尺蛾如图 3.32 所示。

分布范围：内蒙古自治区、黑龙江省、辽宁省、吉林省、山西省、浙江省、湖北省、湖南省、四川省等。

发生地点：呼和浩特市和林格尔县。

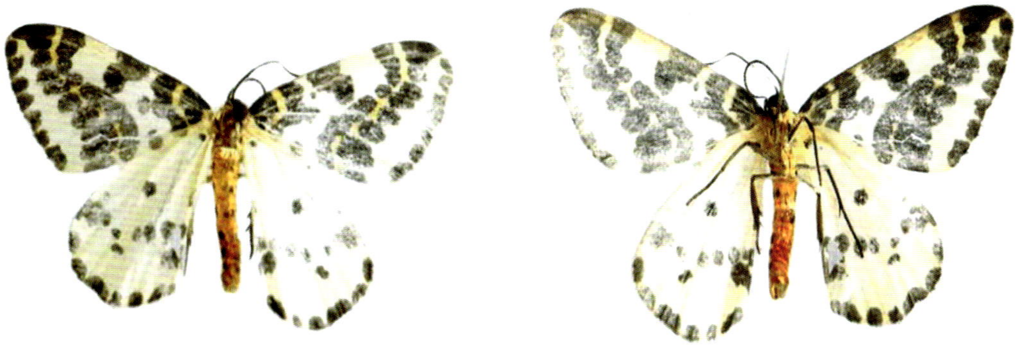

图 3.32　醋栗金星尺蛾

黑岛尺蛾 *Melanthia procellata*

寄主：冷杉、云杉。

形态特征：触角呈线形，具短纤毛。头和体背深褐色与灰黄色、灰褐色掺杂。前翅灰褐色，线纹黑色；浅色锯齿状亚缘线极细弱模糊；顶角处有 1 条模糊黑色斜线，其内上方色略浅。黑岛尺蛾如图 3.33 所示。

分布范围：北京市、内蒙古自治区、黑龙江省、辽宁省、吉林省、山西省、浙江省、台湾省、湖北省、湖南省、四川省等。

发生地点：呼和浩特市和林格尔县。

图 3.33　黑岛尺蛾

3. 11 夜蛾科 Noctuidae

裳夜蛾 *Catocala nupta*

寄主：杨、柳。

形态特征：头部及胸黑灰色，颈板中部有一黑横线；腹部褐灰色；前翅黑灰色带褐色，基线黑色达中室后缘，内线黑色双线波浪形外斜，外线黑色，呈锯齿形。裳夜蛾如图 3.34 所示。

分布范围：河北省、黑龙江省、新疆维吾尔自治区、内蒙古自治区等。

发生地点：呼和浩特市和林格尔县、赛罕区、武川县、托克托县。

图 3.34 裳夜蛾

黄地老虎 *Agrotis segetum*

寄主：各种农作物、牧草及草坪草。

形态特征：体色为黄褐色。前翅亚基线及内、中、外横纹不是很明显并围以黑褐色边。后翅白色，前缘略带黄褐色。黄地老虎如图 3.35 所示。

分布范围：新疆维吾尔自治区、河南省、河北省、北京市、内蒙古自治区、甘肃省、青海省等。

发生地点：呼和浩特市和林格尔县。

图 3.35　黄地老虎

3.12　灯蛾科 Arctiidae

白昌灯蛾 *Spilosoma niveus*

寄主：大豆、车前、蒲公英、苹果、高粱、麦、稷、海棠、山荆子等。

形态特征：体色为白色，触角栉齿黑色。前足基节红色有黑斑，前、中、后足腿节上方红色。翅白色无斑纹。腹部白色。白昌灯蛾如图 3.36 所示。

分布范围：黑龙江省、吉林省、辽宁省、内蒙古自治区、河北省、陕西省、山东省、河南省等。

发生地点：呼和浩特市和林格尔县、托克托县。

图 3.36　白昌灯蛾

3. 13 螟蛾科 Pyralidae

草地螟 *Loxostege sticticatis*

寄主：甜菜、大豆、向日葵、高粱、豌豆、扁豆、甘蓝、马铃薯及瓜类等。

形态特征：体色为淡褐色。前翅灰褐色，外缘有淡黄色条纹，翅中央近前缘有一深黄色斑。顶角内侧前缘有不明显的三角形浅黄色小斑。后翅浅灰黄色，有 2 条与外缘平行的波状纹。草地螟如图 3.37 所示。

分布范围：吉林省、内蒙古自治区、黑龙江省、宁夏回族自治区、甘肃省、青海省、河北省、山西省、陕西省、江苏省等。

发生地点：呼和浩特市赛罕区、回民区。

图 3.37　草地螟

3.14 卷蛾科 Tortricidae

菊花小卷蛾 *Eucosma campoliliana*

寄主：狗舌草属植物。

形态特征：头部白色。前翅白色，有黑色、褐色分散碎斑。后翅灰褐色，无花斑。菊花小卷蛾如图 3.38 所示。

分布范围：黑龙江省、内蒙古自治区、宁夏回族自治区、陕西省、山西省、河北省等。

发生地点：呼和浩特市赛罕区。

图 3.38 菊花小卷蛾

第 4 章　半翅目 Hemiptera

4.1　盲蝽科 Miridae

三点苜蓿盲蝽 *Adelphocoris fasciaticollis*

寄主：棉花、马铃薯、大豆、小麦、蓖麻等作物。

形态特征：体呈长卵形，暗黄色，具黑褐色斑纹。触角红褐色，头顶黄褐色，中叶黑褐色。足黄褐色，腿节具黑褐色斑点，胫节端部黑褐色。三点苜蓿盲蝽如图 4.1 所示。

分布范围：河北省、山西省、内蒙古自治区、辽宁省、黑龙江省、江苏省、安徽省、山东省、四川省、陕西省等。

发生地点：呼和浩特市回民区、清水河县、托克托县。

图 4.1　三点苜蓿盲蝽

苜蓿盲蝽 *Adelphocoris lineolatus*

寄主：苜蓿、草木樨、马铃薯、棉花等作物。

形态特征：体色为黄褐色。头顶呈三角形，褐色，光滑，触角细长。前翅黄褐色，前缘具黑边，膜片黑褐色。足细长，股节有黑点，胫基部有小黑点。苜蓿盲蝽如图 4.2 所示。

分布范围：北京市、天津市、河北省、山西省、内蒙古自治区、辽宁省、吉林省、黑龙江省等。

发生地点：呼和浩特市和林格尔县、托克托县、回民区。

图 4.2　苜蓿盲蝽

绿盲蝽 *Apolygus lucorum*

寄主：棉花、桑、麻类、豆类、玉米、马铃薯、瓜类、苜蓿、蒿类、十字花科蔬菜等。

形态特征：体色为绿色，密被短毛。头部呈三角形，黄绿色。触角 4 节丝状，较短。足黄绿色。绿盲蝽如图 4.3 所示。

分布范围：江苏省、上海市、福建省、河南省、黑龙江省、内蒙古自治区、宁夏回族自治区等。

发生地点：呼和浩特市赛罕区、和林格尔县、武川县。

图 4.3 绿盲蝽

4.2　蝽科 Pentatomidae

尖头麦蝽 *Aelia acuminata*

寄主：麦类作物及水稻、苜蓿等。

形态特征：体色为黄色至黄褐色。体长 9～11 mm。前胸背板有 1 条白色纵纹。尖头麦蝽如图 4.4 所示。

分布范围：新疆维吾尔自治区、陕西省、甘肃省、内蒙古自治区、宁夏回族自治区等。

发生地点：呼和浩特市武川县。

图 4.4　尖头麦蝽

二星蝽 *Eysacoris guttiger*

寄主：麦类作物及水稻、棉花、大豆、高粱、玉米、甘薯、茄、桑、无花果等。

形态特征：头部黑色。触角浅黄褐色，具 5 节。前胸背板侧角短，小盾片末端多无明显的锚形浅色斑，在小盾片基角具 2 个黄白色、光滑的小圆斑。二星蝽如图 4.5 所示。

分布范围：黑龙江省、海南省、广东省、广西壮族自治区、云南省、内蒙古自治区、宁夏回族自治区、甘肃省、四川省、西藏自治区等。

发生地点：呼和浩特市清水河县。

图 4.5　二星蝽

横纹菜蝽 *Eurydema gebleri*

寄主：甘蓝、紫甘蓝、西兰花、花椰菜、白菜、萝卜、樱桃萝卜、油菜、芥菜、板蓝根、白屈菜等。

形态特征：体呈椭圆形，黄色或红色，具黑斑，全体密布刻点。头蓝黑色，前端圆、两侧下凹。前胸背板上具大黑斑 6 个，中央具 1 条黄色隆起十字形纹。小盾片蓝黑色，上具 Y 形黄色纹。横纹菜蝽如图 4.6 所示。

分布范围：黑龙江省、吉林省、辽宁省、内蒙古自治区、甘肃省、新疆维吾尔自治区、河北省、陕西省、山东省、江苏省、安徽省、湖北省、四川省、贵州省、云南省、西藏自治区等。

发生地点：呼和浩特市和林格尔县、赛罕区、武川县、托克托县、清水河县。

图 4.6　横纹菜蝽

菜蝽 *Eurydema dominulus*

寄主：甘蓝、花椰菜、白菜、萝卜、油菜、芥菜等十字花科蔬菜。

形态特征：体呈椭圆形，体色为橙红色或橙黄色，有黑色斑纹。头部黑色，前胸背板上有 6 个大黑斑。小盾片基部有 1 个三角形大黑斑，近端部两侧各有 1 个较小黑斑，小盾片橙红色部分呈 Y 形。足黄、黑相间。腹面黄白色。菜蝽如图 4.7 所示。

分布范围：黑龙江省、台湾省、海南省、广东省、广西壮族自治区、云南省、内蒙古自治区、宁夏回族自治区、甘肃省、四川省、西藏自治区等。

发生地点：呼和浩特市武川县、托克托县。

图 4.7　菜蝽

紫翅果蝽 *Carpocoris purpureipennis*

寄主：枣、沙枣、苹果、梨、枸杞、白刺、马铃薯、胡萝卜、萝卜、甘草、小麦等。

形态特征：体呈宽椭圆形，长 12～13 mm、宽 7.5～8 mm，黄褐色至紫褐色。头部侧缘及基部黑色，触角黑色。前胸背板前半部有 4 条黑色宽纵带，侧角端处黑色。小盾片末端色淡。前翅膜片淡烟褐色，基内角有大黑斑，外缘端处有 1 个黑斑。紫翅果蝽如图 4.8 所示。

分布范围：陕西省、山西省、吉林省、黑龙江省、内蒙古自治区等。

发生地点：呼和浩特市和林格尔县、赛罕区。

图 4.8　紫翅果蝽

斑须蝽 *Dolycoris baccarum*

寄主：麦类、麻类作物及水稻、大豆、玉米、粟、甜菜、苜蓿等。

形态特征：体呈椭圆形，黄褐色或紫色，密被白绒毛和黑色小刻点。触角黑白相间。喙细长，紧贴于头部腹面。小盾片近三角形，末端钝而光滑，黄白色。足黄褐色，腿节和胫节密布黑色刻点。斑须蝽如图 4.9 所示。

分布范围：黑龙江省、台湾省、海南省、广东省、广西壮族自治区、云南省、内蒙古自治区、宁夏回族自治区、甘肃省、四川省、西藏自治区等。

发生地点：呼和浩特市托克托县。

图 4.9　斑须蝽

珠蝽 *Rubiconia intermedia*

寄主：麦类、豆类作物及水稻、苹果、枣、柳叶菜、水芹等。

形态特征：成虫体长 8～13.5 mm、宽约 6 mm，呈椭圆形，黄褐色，密被黑色小刻点。触角黑白相间。胸腹部的腹面淡褐色。足黄褐色，腿节和胫节密布黑色刻点。珠蝽如图 4.10 所示。

分布范围：湖南省、黑龙江省、吉林省、辽宁省、内蒙古自治区、宁夏回族自治区、甘肃省、广东省、广西壮族自治区、贵州省等。

发生地点：呼和浩特市和林格尔县、赛罕区。

图 4.10　珠蝽

赤条蝽 *Graphosoma rubrolineata*

寄主：胡萝卜、茴香等伞形花科植物及萝卜、白菜、洋葱、葱等蔬菜，也可危害栎、榆、黄檗等。

形态特征：体呈长椭圆形，体表粗糙，有密集刻点。全体红褐色，其上有黑色条纹，纵贯全长。触角 5 节，上部 3 节棕黑色，基部 2 节红黄色。喙黑色，基部隆起。前胸背板较宽大，两侧中间向外突，略似菱形，后缘平直，其上有 6 条黑色纵纹，两侧的 2 条黑纹靠近边缘。小盾片宽大，呈盾状，前缘平直，体侧缘每节具黑、橙相间斑纹。足黑色，其上有黄褐色斑纹。赤条蝽如图 4.11 所示。

分布范围：东北、华北、西北、华东、华南及西南等地区。

发生地点：呼和浩特市清水河县。

图 4.11　赤条蝽

4.3　缘蝽科 Coreidae

亚姬缘蝽 *Corizus albomarginatus*

寄主：小麦、苜蓿、铁杆蒿、蒲公英、鸦葱。

形态特征：体呈长椭圆形，红色，布显著黑色斑纹，密被浅色长毛。头呈三角形，在眼后突然狭窄，侧缘黑。触角黑褐色或黑色，各节间色稍浅，第 1 节短粗，其长度约为第 2 节长度的一半。亚姬缘蝽如图 4.12 所示。

分布范围：内蒙古自治区、山西省、黑龙江省、贵州省等。

发生地点：呼和浩特市托克托县、清水河县、玉泉区。

图 4.12　亚姬缘蝽

4.4 长蝽科 Lygaeidae

横带红长蝽 *Lygaeus equestris*

寄主：瓜类蔬菜等。

形态特征：体色为朱红色。头呈三角形，黑色。触角 4 节，黑色。喙黑色。小盾片呈三角形，黑色。前翅革质，朱红色，顶部暗色。足及胸部下方黑色。腹部背面朱红色，下方各节前缘有 2 个黑斑。横带红长蝽如图 4.13 所示。

分布范围：北京市、天津市、江苏省、河南省、浙江省、江西省、广东省、广西壮族自治区、四川省、云南省等。

发生地点：呼和浩特市和林格尔县、赛罕区。

图 4.13　横带红长蝽

小长蝽 *Nysius ericae*

寄主：油茶、桑、松、菊花等。

形态特征：体略呈长方形，褐色或黑褐色。头呈三角形，有黑色颗粒。触角密生灰白色绒毛。前胸背板略呈方形，前部密布黑色粗颗粒。后胸与小盾片上有黑色刻点。小长蝽如图 4.14 所示。

分布范围：北京市、天津市、河北省、河南省、四川省、陕西省、内蒙古自治区、西藏自治区等。

发生地点：呼和浩特市赛罕区、武川县、托克托县。

图 4.14　小长蝽

4.5 红蝽科 Pyrrhocoridae

地红蝽 *Pyrrhocoris tibialis*

寄主：冬葵、禾本科杂草。

形态特征：前胸背板近方形，刻点较密。小盾片顶端具刻点，中胸侧板后缘棕黑色。地红蝽如图 4.15 所示。

分布范围：宁夏回族自治区、北京市、河北省、内蒙古自治区、辽宁省、上海市、江苏省、浙江省、山东省、甘肃省等。

发生地点：呼和浩特市和林格尔县、玉泉区、武川县。

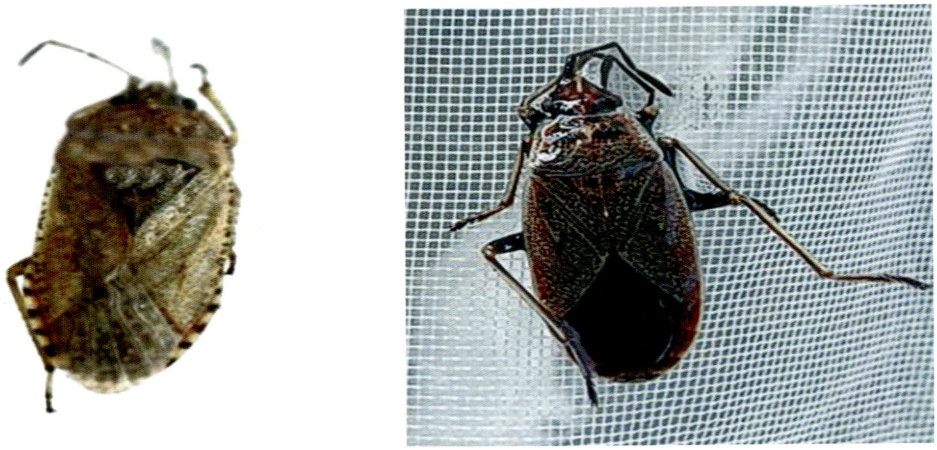

图 4.15 地红蝽

先地红蝽 *Pyrrhocoris sibiricus*

寄主：禾本科植物、杂草。

形态特征：前胸背板横宽于长，刻点较稀疏。小盾片顶端通常光滑。中、后胸侧板后缘灰白色。先地红蝽如图 4.16 所示。

分布范围：湖南省、北京市、天津市、青海省、四川省、内蒙古自治区等。

发生地点：呼和浩特市玉泉区。

图 4.16　先地红蝽

4.6 姬缘蝽科 Rhopalidae

离缘蝽 *Chorosoma brevicolle*

寄主：豆科和禾本科植物。

形态特征：体长 10～20 mm。体色为黄褐色至黄绿色。复眼黑色。头狭长，前缘中央呈三角形凸出。触角 4 节，粗壮，位于头前缘两侧，前伸。足细长，后足胫节端部内侧具黑褐色斑。离缘蝽如图 4.17 所示。

分布范围：全国各地均有分布。

发生地点：呼和浩特市玉泉区。

图 4.17　离缘蝽

细纹离缘蝽 *Chorosoma gracilis*

寄主：柑橘、合欢、紫荆花、茄科及豆科植物。

形态特征：体长 10.5～12.6 mm、宽 1.3～1.6 mm，细长，草黄色或黄绿色。足细长，腿节稍长于胫节，后足胫节内缘无毛，其上半段具黑色刚毛。腹部背面黄绿色，背板基部黑色。细纹离缘蝽如图 4.18 所示。

分布范围：河北省、北京市、甘肃省、浙江省、江西省、湖北省、内蒙古自治区、广东省、海南省、云南省等。

发生地点：呼和浩特市玉泉区。

图 4.18　细纹离缘蝽

第 5 章　鞘翅目 Coleoptera

5.1　芫菁科 Meloidae

绿芫菁 *Lytta caraganae*

寄主：豆类、苜蓿、黄芪、柠条锦鸡儿、槐等。

形态特征：全身绿色，有紫色金属光泽，有些个体鞘翅有金绿色光泽。额前部中央有一橘红色小斑纹。触角念珠状。鞘翅具皱状刻点，凸凹不平。绿芫菁如图 5.1 所示。

分布范围：北京市、内蒙古自治区、黑龙江省、辽宁省、吉林省、河北省、浙江省等。

发生地点：呼和浩特市和林格尔县、赛罕区、玉泉区、回民区、武川县、托克托县、清水河县。

图 5.1　绿芫菁

中华芫菁 *Epicauta chinensis*

寄主：蕨类植物。

形态特征：全体黑色被细短黑色毛，仅头部两侧后方红色，额中间具 1 块红斑。头部具密刻点。触角基部内侧生黑色发亮圆扁瘤 1 个。雌虫触角丝状，雄虫触角栉齿状。前足腿节、胫节背面密被灰短毛。中华芫菁如图 5.2 所示。

分布范围：宁夏回族自治区、北京市、天津市、河北省、山西省、内蒙古自治区、吉林省、黑龙江省等。

发生地点：呼和浩特市武川县、托克托县。

图 5.2 中华芫菁

苹斑芫菁 *Mylabris calida*

寄主：棉花等作物。

形态特征：体足全黑，被黑色毛。鞘翅淡黄色到棕黄色，具黑斑。头部呈方形，密布刻点，中央有 2 个红色小圆斑。触角末端与节膨大，呈棒状。每翅有 1 条黑色横斑纹，各有 1 对黑圆斑，有时后端 2 个黑圆斑汇合成 1 条横斑。苹斑芫菁如图 5.3 所示。

分布范围：湖北省、江苏省、山东省、河北省、内蒙古自治区、新疆维吾尔自治区、黑龙江省等。

发生地点：呼和浩特市和林格尔县、武川县、托克托县、清水河县、赛罕区、玉泉区、回民区。

图 5.3　苹斑芫菁

腋斑芫菁 *Mylabris axillaris*

寄主：棉花等作物。

形态特征：体黑色，略具光泽，密布浅大刻点和黑长毛。鞘翅黄色，具黑斑。唇基前缘暗红色，中后部密布浅大刻点和黑长毛。鞘翅黄色至棕黄色，密布黑短毛，基部毛略长。腋斑芫菁如图 5.4 所示。

分布范围：内蒙古自治区、新疆维吾尔自治区、河北省、北京市、江苏省、湖北省、黑龙江省等。

发生地点：呼和浩特市和林格尔县、赛罕区、玉泉区、回民区、武川县、托克托县、清水河县。

图 5.4　腋斑芫菁

豆芫菁 *Epicauta gorhami*

寄主：大豆、花生、棉花、马铃薯、甜菜、麻、番茄、苋菜、蕹菜等。

形态特征：体长 11～19 mm。头部红色，略呈三角形。胸腹和鞘翅均为黑色。前胸两侧、鞘翅的周缘和腹部各节腹面的后缘都生有灰白色毛。豆芫菁如图 5.5 所示。

分布范围：内蒙古自治区、新疆维吾尔自治区、河北省、北京市、江苏省、湖北省、黑龙江省、吉林省、辽宁省等。

发生地点：呼和浩特市和林格尔县、玉泉区。

图 5.5　豆芫菁

丽斑芫菁 *Mylabris speciosa*

寄主：黄芪、芍药、甜菜及豆类、十字花科蔬菜。

形态特征：体长 14～18 mm、宽 4～6 mm。足细长。前胸背板较头略窄，明显窄于鞘基，刻点细密，覆密长毛；小盾片黑色呈三角形。丽斑芫菁如图 5.6 所示。

分布范围：黑龙江省、吉林省、辽宁省、内蒙古自治区、天津市、宁夏回族自治区、甘肃省、青海省、新疆维吾尔自治区、江西省等。

发生地点：呼和浩特市武川县、托克托县、清水河县。

图 5.6　丽斑芫菁

5.2 虎甲科 Cicindelidae

多型虎甲红翅亚种 *Cicindela hybrida*

寄主：棉花等作物。

形态特征：头和前胸背板翠绿色或蓝绿色，鞘翅紫红色，体腹面蓝绿色或紫色，身体具强烈金属光泽。复眼大而凸出。鞘翅密布细小刻点和颗粒。多型虎甲红翅亚种如图 5.7 所示。

分布范围：福建省、黑龙江省、吉林省、辽宁省、内蒙古自治区、青海省、新疆维吾尔自治区、河北省、山西省、山东省、江苏省、安徽省等。

发生地点：呼和浩特市和林格尔县、清水河县。

图 5.7 多型虎甲红翅亚种

5.3 叶甲科 Chrysomelidae

黑足黑守瓜 *Aulacophora nigripennis*

寄主：栝楼、苦瓜、丝瓜、黄瓜、南瓜、冬瓜、罗汉果等。

形态特征：体长 5.5～7 mm、宽 3.2～4 mm。全身极光亮；头部、前胸节和腹部橙黄色至橙红色，上唇、鞘翅、中胸和后胸腹板、侧板及各足均为黑色；触角熏烟色；鞘翅具较强光泽。黑足黑守瓜如图 5.8 所示。

分布范围：陕西省、山东省、江苏省、河北省、黑龙江省、内蒙古自治区、甘肃省等。

发生地点：呼和浩特市托克托县、赛罕区、和林格尔县、清水河县、玉泉区、回民区、武川县。

图 5.8　黑足黑守瓜

双斑长跗萤叶甲 *Monolepta hieroglyphica*

寄主：豆类、苜蓿、玉米、茼蒿、胡萝卜、向日葵、杏、苹果等作物。

形态特征：体长 3.6～4.8 mm、宽 2～2.5 mm，呈长卵形，棕黄色具光泽。复眼大，呈卵圆形。每个鞘翅基半部具一近圆形淡色斑，四周黑色，淡色斑后外侧多不完全封闭，其后面黑色带纹向后凸伸，呈角状。双斑长跗萤叶甲如图 5.9 所示。

分布范围：江苏省、浙江省、湖北省、江西省、内蒙古自治区、宁夏回族自治区、甘肃省、陕西省、四川省、云南省、贵州省等。

发生地点：呼和浩特市武川县、清水河县。

图 5.9 双斑长跗萤叶甲

榆绿毛萤叶甲 *Pyrrhalta aenescens*

寄主：榆。

形态特征：体长 7～8.5 mm、宽约 4 mm，呈长椭圆形，黄褐色。鞘翅蓝绿色，有金属光泽。头小。小盾片黑色，基部宽阔，后端稍圆。鞘翅宽于前胸背板，后半部稍膨大。腿节较粗。榆绿毛萤叶甲如图 5.10 所示。

分布范围：内蒙古自治区、河北省、河南省、山西省、山东省、江苏省、吉林省、黑龙江省等。

发生地点：呼和浩特市和林格尔县。

图 5.10 榆绿毛萤叶甲

褐背小萤叶甲 *Galerucella grisescens*

寄主：蓼属、酸模属、珍珠梅属等植物。

形态特征：体长 3.8～5.5 mm。头部、前胸背板及鞘翅红褐色，触角及小盾片黑褐色或黑色。鞘翅具粗密刻点。褐背小萤叶甲如图 5.11 所示。

分布范围：甘肃省、江苏省、湖北省、四川省、贵州省、黑龙江省、内蒙古自治区、河北省、陕西省等。

发生地点：呼和浩特市武川县、清水河县。

图 5.11　褐背小萤叶甲

柳蓝叶甲 *Plagiodera versicolora*

寄主：玉米、大豆、棉花、桑、各种柳。

形态特征：体呈近圆形，深蓝色，具金属光泽。头部横阔。触角 6 节，基部细小，褐色至深褐色，上生细毛。前胸背板横阔光滑。鞘翅上密生略成行列的细刻点。体腹面、足色较深，具光泽。柳蓝叶甲如图 5.12 所示。

分布范围：黑龙江省、吉林省、辽宁省、内蒙古自治区、甘肃省、宁夏回族自治区、河北省、山西省、陕西省、山东省等。

发生地点：呼和浩特市玉泉区。

图 5.12　柳蓝叶甲

阔胫萤叶甲 *Pallasiola absinthii*

寄主：麦类及禾本科杂草。

形态特征：体呈长形，全身被毛，黄褐色。头的后半部、触角、中后胸腹板和腹部两侧、小盾片及翅缝黑色。足大部分黄褐色。腿节、胫节端部及跗节黑色。触角较粗短。阔胫萤叶甲如图 5.13 所示。

分布范围：青海省、四川省、西藏自治区、内蒙古自治区、宁夏回族自治区、山西省等。

发生地点：呼和浩特市武川县、清水河县、回民区。

图 5.13　阔胫萤叶甲

5.4 肖叶甲科 Eumolpidae

中华萝藦肖叶甲 *Chrysochus chinensis*

寄主：蕹菜、地梢瓜、曼陀罗、鹅绒藤、戟叶鹅绒藤及黄芪属、罗布麻属植物。

形态特征：体粗壮，呈长卵形，金属蓝色或蓝绿色、蓝紫色。触角黑色，末端 5 节乌暗无光泽，第 1～4 节常为深褐色，第 1 节背面具金属光泽。中华萝藦肖叶甲如图 5.14 所示。

分布范围：黑龙江省、吉林省、辽宁省、内蒙古自治区、甘肃省、青海省、河北省、山西省、陕西省、山东省、河南省、江苏省、浙江省、江西省等。

发生地点：呼和浩特市和林格尔县、回民区、玉泉区、托克托县、赛罕区、清水河县、武川县。

图 5.14 中华萝藦肖叶甲

5.5 天牛科 Cerambycidae

多带天牛 *Polyzonus fasciatus*

寄主：杨、柳、刺槐、侧柏、麻栎、玫瑰等。

形态特征：体细长，蓝绿色至蓝黑色，有光泽。鞘翅中央有两条淡黄色横带，带的宽窄变化很大。触角和足细长。多带天牛如图 5.15 所示。

分布范围：北京市、内蒙古自治区、黑龙江省、吉林省、辽宁省、河北省、河南省等。

发生地点：呼和浩特市和林格尔县、回民区。

图 5.15 多带天牛

麻斑草天牛 *Eodorcadion impluviatum*

寄主：披碱草。

形态特征：体中等大小，呈长卵形，黑色至黑褐色。鞘翅可见 4 条纵脊，遍布大小不规则的灰白色短绒麻状斑。后足第 1 跗节与末节长度相等。麻斑草天牛如图 5.16 所示。

分布范围：内蒙古自治区、河北省、北京市、黑龙江省、吉林省等。

发生地点：呼和浩特市托克托县、清水河县、赛罕区、武川县。

图 5.16　麻斑草天牛

5.6　金龟科 Scarabaeidae

白星花金龟 *Protaetia brevitarsis*

寄主：粮食、水果、蔬菜等经济作物。

形态特征：体呈椭圆形，背面较平，较光亮，多古铜色或青铜色，体表散布众多不规则白绒斑。背面布有粗大刻纹，肩凸的内外刻纹尤为密集，白绒斑多为横波纹状。白星花金龟如图 5.17 所示。

分布范围：黑龙江省、吉林省、辽宁省、内蒙古自治区、河北省、陕西省、山西省、山东省、河南省、安徽省、江苏省、浙江省、四川省、湖北省、江西省、湖南省、广西壮族自治区、贵州省、福建省、新疆维吾尔自治区等。

发生地点：呼和浩特市赛罕区。

图 5.17　白星花金龟

5.7 丽金龟科 Rutelidae

粗绿彩丽金龟 *Mimela holosericea*

寄主：葡萄、苹果。

形态特征：全体金绿色具光泽。复眼黑色，附近散生白长毛。粗绿彩丽金龟如图 5.18 所示。

分布范围：黑龙江省、吉林省、辽宁省、内蒙古自治区、河北省、青海省等。

发生地点：呼和浩特市清水河县。

图 5.18　粗绿彩丽金龟

5.8　鳃金龟科 Melolonthidae

华北大黑鳃金龟 *Holotrichia oblita*

寄主：杨、柳、榆、桑、核桃、苹果、刺槐、栎等多种树。

形态特征：成虫体呈长椭圆形，体长 21～23 mm、宽 11～12 mm，黑色或黑褐色，有光泽。前足胫节外侧 3 齿，中后足胫节末端 2 距。华北大黑鳃金龟如图 5.19 所示。

分布范围：东北、华北、西北等地区。

发生地点：呼和浩特市和林格尔县、清水河县、赛罕区、武川县、回民区、玉泉区、托克托县。

图 5.19　华北大黑鳃金龟

5.9 郭公虫科 Cleridae

中华食蜂郭公虫 *Trichodes sinae*

寄主：蔷薇科、菊科、忍冬科等灌木和草本植物。

形态特征：体色为深蓝色，具光泽，体、足均被白色软长毛。头部黑色，触角 11 节，丝状，端部 3 节膨大。鞘翅密布细小刻点，具红黄色横带 3 条。中华食蜂郭公虫如图 5.20 所示。

分布范围：辽宁省、吉林省、黑龙江省、内蒙古自治区、新疆维吾尔自治区、福建省、青海省、四川省、云南省、湖南省、山东省、江苏省、北京市、江西省、浙江省等。

发生地点：呼和浩特市玉泉区、托克托县。

图 5.20　中华食蜂郭公虫

5.10 拟步甲科 Tenebrionidae

拟步甲 *Tenebrio* sp.

寄主：干燥腐败的植物或动物组织。

形态特征：成虫体壁坚硬，多为黑色，也有暗褐色、赤褐色或具花斑者；表皮平滑或有粗刻点、颗粒及脊纹等刻饰。幼虫体约长 25 mm，呈圆柱形。拟步甲如图 5.21 所示。

分布范围：内蒙古自治区、北京市、黑龙江省、吉林省、辽宁省、山西省、陕西省、宁夏回族自治区、甘肃省、青海省、四川省等。

发生地点：呼和浩特市和林格尔县、武川县、托克托县。

图 5.21 拟步甲

5. 11　步甲科 Carabidae

婪步甲 *Harpalus* sp.

寄主：小麦、大麦、燕麦及黍科植物的种子。

形态特征：体长 11.7～15.5 mm、宽 4.5～5.6 mm，黑色，有光泽。上唇周缘、上颚部分、下颚下唇须、触角、前胸侧缘、鞘翅后部、侧缘棕红色，腹面黑色带褐红色。婪步甲如图 5.22 所示。

分布范围：内蒙古自治区、河北省、河南省、江苏省、安徽省、浙江省、江西省、福建省、湖北省、四川省、贵州省等。

发生地点：呼和浩特市武川县。

图 5.22　婪步甲

5.12　象甲科 Curculionidae

西伯利亚绿象 ***Chlorophanus sibiricus***

寄主：苹果、杨、柳。

形态特征：体长 15～18 mm，呈纺锤形，表面密被翠绿色、绿色、黄绿色、金黄色及灰白色绒毛。喙管较粗，端部稍窄。西伯利亚绿象如图 5.23 所示。

分布范围：内蒙古自治区、北京市、黑龙江省、吉林省、辽宁省、山西省、陕西省、宁夏回族自治区、甘肃省、青海省等。

发生地点：呼和浩特市和林格尔县、托克托县、武川县、赛罕区、清水河县。

图 5.23　西伯利亚绿象

大灰象甲 ***Sympiezomias velatus***

寄主：烟草、玉米、花生、马铃薯、辣椒、甜菜、瓜类、豆类、苹果、梨等。

形态特征：体长 9～12 mm，灰黄色或灰黑色，密被灰白色鳞片。鞘翅近卵圆形，具褐色云斑，每鞘翅上各有 10 条纵沟，头管粗短。大灰象甲如图 5.24 所示。

分布范围：福建省、北京市、河北省、内蒙古自治区、黑龙江省等。

发生地点：呼和浩特市赛罕区。

图 5.24　大灰象甲

5.13 瓢虫科 Coccinellidae

七星瓢虫 *Coccinella septempunctata*

寄主：棉花、柳、槐、榆及豆类植物等。

形态特征：体长 5.2～7.0 mm、宽 4.0～5.6 mm，体卵圆形，背面光滑并拱起呈半球状。鞘翅上有 7 个黑色斑点。七星瓢虫如图 5.25 所示。

分布范围：全国各地均有分布。

发生地点：呼和浩特市和林格尔县、赛罕区、玉泉区、回民区、武川县、托克托县、清水河县。

图 5.25 七星瓢虫

多异瓢虫 *Hippodamia variegata*

寄主：棉蚜、麦蚜、豆蚜、玉米蚜，多见于棉花、小麦、豇豆、玉米等作物。

形态特征：头前部黄白色，后部黑色，或颜面有 2～4 个黑斑，毗连或融合，有时与黑色的后方部分连接。多异瓢虫如图 5.26 所示。

分布范围：吉林省、辽宁省、新疆维吾尔自治区、内蒙古自治区、陕西省、甘肃省、宁夏回族自治区、北京市、河北省、河南省、山东省、山西省、四川省、福建省、云南省、西藏自治区等。

发生地点：呼和浩特市和林格尔县、武川县。

图 5.26　多异瓢虫

龟纹瓢虫 *Propylaea japonica*

寄主：棉花、苎、豆类等作物。

形态特征：标准型翅鞘上的黑色斑呈龟纹状；无纹型翅鞘除接缝处有黑线外，全为单纯橙色；另外尚有四黑斑型、前二黑斑型、后二黑斑型等不同的变化。龟纹瓢虫如图 5.27 所示。

分布范围：黑龙江省、吉林省、辽宁省、新疆维吾尔自治区、甘肃省、宁夏回族自治区、北京市、河北省、河南省、陕西省、山东省、湖北省、江苏省、上海市、浙江省、湖南省、四川省、福建省、广东省、广西壮族自治区、贵州省、云南省等。

发生地点：呼和浩特市武川县、清水河县。

图 5.27　龟纹瓢虫

第 6 章　同翅目 Homoptera

6.1　叶蝉科 Cicadellidae

大青叶蝉 *Cicadella viridis*

寄主：大豆、马铃薯等。

形态特征：头部正面淡褐色，两颊微青，触角窝上方、两单眼之间有 1 对黑斑。复眼绿色。前胸背板淡黄绿色，后半部深青绿色。小盾片淡黄绿色，中间横刻痕较短，不伸达边缘。大青叶蝉如图 6.1 所示。

分布范围：黑龙江省、吉林省、辽宁省、内蒙古自治区、河北省、河南省、山东省、江苏省、浙江省、安徽省、江西省、台湾省、福建省、湖北省、湖南省、广东省、海南省、贵州省、四川省、陕西省、甘肃省、宁夏回族自治区、青海省、新疆维吾尔自治区等。

发生地点：呼和浩特市和林格尔县、玉泉区、托克托县。

图 6.1　大青叶蝉

6.2 沫蝉科 Cercopidae

柳尖胸沫蝉 *Aphrophora costalis*

寄主：柳、小叶杨、榆、沙棘、苹果及紫花苜蓿、鹅冠草、茵陈蒿、硬质早熟禾等。

形态特征：全体黄褐色，密布黑色小斑点及灰白色短细毛。头顶呈倒 V 形，靠近其后缘之复眼与单眼间各有一黄斑。复眼呈椭圆形，黑褐色；单眼 2 个，淡红色。柳尖胸沫蝉如图 6.2 所示。

分布范围：新疆维吾尔自治区、青海省、甘肃省、内蒙古自治区、陕西省、河北省、吉林省、黑龙江省等。

发生地点：呼和浩特市和林格尔县。

图 6.2 柳尖胸沫蝉

6. 3 象蜡蝉科 Dictyopharidae

中华象蜡蝉 *Dictyophara sinica*

寄主：桑、柑桔、香樟、桉、蜡梅、菊花、水稻、玉米、高粱、甘蔗。

形态特征：体长 18 mm，体背绿色。复眼淡黄绿色。口吻向前尖突。翅膀常绿色透明，翅脉绿色至黄绿色，翅室多呈长形。中华象蜡蝉如图 6.3 所示。

分布范围：陕西省、重庆市、四川省、浙江省、广东省、内蒙古自治区、宁夏回族自治区等。

发生地点：呼和浩特市和林格尔县、赛罕区、托克托县。

图 6.3 中华象蜡蝉

第 7 章　双翅目 Diptera

7.1　大蚊科 Tipulidae

大蚊 *Tipulidae* sp.

寄主：谷类和牧草。

形态特征：体形小至大型，细长少毛，体色为灰褐色至黑色。头大，无单眼。雌虫触角丝状，雄虫触角栉齿状或锯齿状。足细长。大蚊如图 7.1 所示。

分布范围：全国各地均有分布，尤其是南方地区。

发生地点：呼和浩特市和林格尔县、武川县。

图 7.1　大蚊

第 8 章 膜翅目 Hymenoptera

8.1 胡蜂科 Vespidae

普通黄胡蜂 *Vespula vulgaris*

寄主：多种昆虫。在果实成熟时，会啃食果实。

形态特征：头部宽略窄于胸部，触角支角突、柄节、梗节和鞭节均呈黑色。翅呈棕色，前翅前缘色略深。前、中、后足的基节、转节均呈黑色。普通黄胡蜂如图 8.1 所示。

分布范围：吉林省、新疆维吾尔自治区、甘肃省、内蒙古自治区、宁夏回族自治区等。

发生地点：呼和浩特市和林格尔县、托克托县。

图 8.1 普通黄胡蜂

8. 2　蜜蜂科 Apidae

熊蜂 *Bombus* sp.

寄主：豆科、茄科植物。

形态特征：体粗壮，中型至大型，全身密被黑色、黄色或白色、火红色等各色相间的长而整齐的毛。腹部宽圆，密被长而整齐的毛。熊蜂如图 8.2 所示。

分布范围：北京市、内蒙古自治区、黑龙江省、吉林省、河北省、四川省、新疆维吾尔自治区等。

发生地点：呼和浩特市赛罕区。

图 8.2　熊蜂

第 9 章　蜉蝣目 Ephemeroptera

9.1　蜉蝣科 Ephemeridae

蜉蝣 *Ephemera* sp.

寄主：植物、藻类或泥土。

形态特征：体形较小或中等，细长，体壁柔软。头部小。触角短，刚毛状。复眼发达。足细弱。腹末有 1 对分节的长丝状尾须。第 11 节背板常延长形成中尾丝。尾须和中尾丝细长多节。蜉蝣如图 9.1 所示。

分布范围：内蒙古自治区、河北省、福建省、河南省、山西省、陕西省、天津市等。

发生地点：呼和浩特市玉泉区。

图 9.1　蜉蝣

第 3 篇

植物界 Plantae

第 10 章　蔷薇目 Rosales

10. 1　豆科 Fabaceae

斜茎黄芪 *Astragalus adsurgens*

形态特征：多年生草本。根较粗壮，暗褐色。茎丛生，直立或斜上，有毛或近无毛。羽状复叶有 9～25 片小叶，叶柄较叶轴短；小叶长圆形、近椭圆形或狭长圆形，基部圆形或近圆形，有时稍尖，上面疏被伏贴毛，下面较密。花期 6～8 月，果期 8～10 月。斜茎黄芪如图 10.1 所示。

生境：向阳山坡、灌丛及林缘地带。

分布范围：东北、华北、西北、西南等地区。

发生地点：呼和浩特市回民区、赛罕区、托克托县、和林格尔县、清水河县、玉泉区。

图 10.1　斜茎黄芪

高山黄华 *Thermopsis alpina*

形态特征：多年生草本，高 15～20 cm。茎直立，分枝。小叶长椭圆形，先端急尖或钝，基部宽楔形或近圆形，表面渐变无毛，背面密被长柔毛。总状花序顶生；花冠黄色，旗瓣圆形，龙骨瓣长圆形。种子 4～8 颗，卵状肾形，稍扁，褐色。花期 5～6 月，果期 7～9 月。高山黄华如图 10.2 所示。

生境：山坡草地、湖边砾石地。

分布范围：内蒙古自治区、河北省、山西省、陕西省、宁夏回族自治区、甘肃省等。

发生地点：呼和浩特市回民区、玉泉区、赛罕区、和林格尔县、武川县、清水河县。

图 10.2　高山黄华

苜蓿 *Medicago sativa*

形态特征：多年生草本，高 30～100 cm。根粗壮。茎直立。羽状三出复叶；托叶大，卵状披针形；小叶长卵形，先端钝圆，具由中脉伸出的长齿尖，基部狭窄，楔形，边缘 1/3 以上具锯齿，上面无毛、深绿色，下面被贴伏柔毛，侧脉 8～10 对。花期 5～7 月，果期 6～8 月。苜蓿如图 10.3 所示。

生境：田边、路旁、旷野、草原、河岸及沟谷等。

分布范围：全国各地均有分布。

发生地点：呼和浩特市玉泉区、托克托县、和林格尔县、清水河县、赛罕区。

图 10.3　苜蓿

苦马豆 *Sphaerophysa salsula*

形态特征：半灌木或多年生草本，茎直立或下部匍匐，高 0.3～0.6 m，稀达 1.3 m；枝开展，具纵棱脊，被疏至密的灰白色丁字毛；叶线状披针形，三角形至钻形，自茎下部至上部渐变小。小叶柄短，被白色细柔毛。花期 5～8 月，果期 6～9 月。苦马豆如图 10.4 所示。

生境：山坡、草原、荒地等。

分布范围：吉林省、辽宁省、内蒙古自治区、河北省、山西省、陕西省、宁夏回族自治区、甘肃省、青海省、新疆维吾尔自治区等。

发生地点：呼和浩特市和林格尔县。

图 10.4　苦马豆

达乌里黄芪 *Astragalus dahuricus*

形态特征：一年生或二年生草本，被开展、白色柔毛。茎直立，高达 80 cm，分枝，有细棱。羽状复叶有 11～19 片小叶；托叶分离，狭披针形或钻形；小叶长圆形，先端圆或略尖，基部钝或近楔形。总状花序较密；花序梗较叶短。种子淡褐色或褐色，肾形，有斑点，平滑。花期 7～9 月，果期 8～10 月。达乌里黄芪如图 10.5 所示。

生境：山坡和河滩草地。

分布范围：东北、华北、西北地区及山东省、河南省、四川省等。

发生地点：呼和浩特市和林格尔县。

图 10.5　达乌里黄芪

草木樨 *Melilotus officinalis*

形态特征：二年生草本，高 40～100 cm。茎直立，粗壮，多分枝，具纵棱，微被柔毛。羽状三出复叶；叶柄细长；小叶倒卵形、阔卵形、倒披针形至线形，先端钝圆或截形，基部阔楔形。荚果卵形，棕黑色。种子卵形，黄褐色。花期 5～9 月，果期 6～10 月。草木樨如图 10.6 所示。

生境：山坡、河岸、路旁、砂质草地及林缘。

分布范围：东北、华南、西南等地区。

发生地点：呼和浩特市和林格尔县。

图 10.6　草木樨

砂珍棘豆 *Oxytropis racemosa*

形态特征：多年生草本，高可达 30 cm。根淡褐色，圆柱形。茎多头。轮生羽状复叶；托叶膜质，卵形。花萼管状钟形，被短柔毛；花冠红紫色或淡紫红色。荚果膜质，卵状球形，膨胀。种子肾状圆形，暗褐色。花期 5～7 月，果期 6～10 月。砂珍棘豆如图 10.7 所示。

生境：河岸沙地、沙质的丘陵坡地、撂荒地。

分布范围：东北、华北地区及内蒙古自治区、陕西省、甘肃省、宁夏回族自治区等。

发生地点：呼和浩特市清水河县。

图 10.7　砂珍棘豆

10.2　荨麻科 Urticaceae

狭叶荨麻 *Urtica angustifolia*

形态特征：多年生草本。茎高 40～150 cm，下部粗达 8 mm，四棱形，疏生刺毛和稀疏的细糙毛，分枝或不分枝。叶披针形至披针状条形，稀狭卵形，先端长渐尖或锐尖，基部圆形；叶柄短，疏生刺毛和糙毛。花期 6～8 月，果期 8～9 月。狭叶荨麻如图 10.8 所示。

生境：山地河谷溪边或台地潮湿处。

分布范围：黑龙江省、吉林省、辽宁省、内蒙古自治区、山东省、河北省、山西省等。

发生地点：呼和浩特市清水河县、武川县。

图 10.8　狭叶荨麻

10. 3　蔷薇科 Rosaceae

委陵菜 *Potentilla chinensis*

形态特征：多年生草本。根粗壮，圆柱形。花茎直立或上升。基生叶为羽状复叶，有小叶；茎生叶托叶草质，绿色，边缘锐裂。伞房状聚伞花序；萼片三角卵形；花瓣黄色，宽倒卵形；花柱近顶生。瘦果卵球形，深褐色。花果期 4～10 月。委陵菜如图 10.9 所示。

生境：山坡草地、沟谷、林缘、灌丛或疏林。

分布范围：全国各地均有分布。

发生地点：呼和浩特市回民区、武川县。

图 10.9　委陵菜

第 11 章 桔梗目 Campanulales

11.1 菊科 Asteraceae

飞廉 *Carduus nutans*

形态特征：二年生或多年生草本。茎单生或少数茎簇生，多分枝，全部茎枝有条棱，被稀疏的蛛丝毛和多细胞长节毛。全部茎叶两面同色，两面沿脉被多细胞长节毛，基部无柄，两侧沿茎下延成茎翼，茎叶基部渐狭成短柄。花果期 6～10 月。飞廉如图 11.1 所示。

生境：山谷、田边或草地。

分布范围：陕西省、黑龙江省、北京市、内蒙古自治区、吉林省、河北省、新疆维吾尔自治区、山西省、辽宁省、青海省等。

发生地点：呼和浩特市玉泉区、武川县、清水河县、回民区、和林格尔县。

图 11.1 飞廉

草地风毛菊 *Saussurea amara*

形态特征：多年生草本。茎直立，高 15～60 cm，基部直径 7 mm，无翼，被白色稀疏的短柔毛或通常无毛，上部或仅在顶端有短伞房花序状分枝或自中下部有长伞房花序状分枝。花果期 7～10 月。草地风毛菊如图 11.2 所示。

生境：荒地、路边、森林草地、山坡、草原、盐碱地、河堤、沙丘、湖边、水边。

分布范围：陕西省、黑龙江省、北京市、内蒙古自治区、吉林省、河北省、新疆维吾尔自治区、山西省、辽宁省、青海省等。

发生地点：呼和浩特市玉泉区、赛罕区、和林格尔县、武川县、清水河县。

图 11.2　草地风毛菊

苍耳 *Xanthium strumarium*

形态特征：一年生草本。茎直立不分枝或少有分枝。叶三角状卵形，近全缘，顶端尖或钝，基部稍心形或截形，与叶柄连接处呈相等的楔形，边缘有不规则的粗锯齿，有三基出脉，侧脉弧形，直达叶缘，脉上密被糙伏毛。花期 7～8 月，果期 9～10 月。苍耳如图 11.3 所示。

生境：平原、丘陵、低山、荒野路边、田边。

分布范围：全国各地均有分布。

发生地点：呼和浩特市赛罕区、托克托县、和林格尔县、清水河县、新城区、土默特左旗。

图 11.3　苍耳

欧亚蓝刺头 *Echinops sphaerocephalus*

形态特征：多年生草本。茎单生，被稠密的多细胞长节毛和稀疏的蛛丝状薄毛。基部和下部茎叶宽披针形，边缘刺齿，顶端针刺状渐尖，向上叶渐小。全部叶质地薄，两面异色，上面绿色，被稠密短糙毛，下面灰白色，被薄蛛丝状绵毛。花果期 8～9 月。欧亚蓝刺头如图 11.4 所示。

生境：山坡林缘或渠边。

分布范围：新疆维吾尔自治区、内蒙古自治区、宁夏回族自治区、陕西省、山西省、山东省等。

发生地点：呼和浩特市赛罕区、和林格尔县、武川县、清水河县、新城区。

图 11.4　欧亚蓝刺头

砂蓝刺头 *Echinops gmelini*

形态特征：一年生草本。根直伸，细圆锥形。茎单生，淡黄色。叶质地薄，两面绿色，被稀疏蛛丝状毛及头状具柄的腺点，或上面的蛛丝毛稍多。复头状花序单生茎顶或枝端。冠毛量杯状；冠毛膜片线形，边缘稀疏糙毛状，仅基部结合。花果期 6～9 月。砂蓝刺头如图 11.5 所示。

生境：山坡砾石地、荒漠草原、黄土丘陵或河滩沙地。

分布范围：黑龙江省、吉林省、辽宁省、内蒙古自治区等。

发生地点：呼和浩特市赛罕区、和林格尔县、武川县、清水河县。

图 11.5　砂蓝刺头

狗娃花 *Aster hispidus*

形态特征：一年生或二年生草本。茎高 30～50 cm，单生，有时数个丛生，被上曲或开展的粗毛。基部及下部叶倒卵形，渐狭成长柄；中部叶矩圆状披针形或条形；全部叶质薄，两面被疏毛或无毛，边缘有疏毛，中脉及侧脉明显。花期 7～9 月，果期 8～9 月。狗娃花如图 11.6 所示。

生境：荒地、路旁、林缘及草地。

分布范围：华北、西北及东北等地区。

发生地点：呼和浩特市武川县。

图 11.6　狗娃花

阿尔泰狗娃花 *Aster altaicus*

形态特征：多年生草本。茎直立，高 20～60 cm，被上曲或有时开展的毛。下部叶条形或矩圆状披针形，全缘或有疏浅齿；上部叶渐狭小，条形；全部叶两面或下面被粗毛或细毛，常有腺点，中脉在下面稍凸起。花果期 5～9 月。阿尔泰狗娃花如图 11.7 所示。

生境：草原、荒漠地、沙地及干旱山地。

分布范围：中北、中南、东南地区及内蒙古自治区、台湾省、西藏自治区、青海省、新疆维吾尔自治区等。

发生地点：呼和浩特市回民区。

图 11.7　阿尔泰狗娃花

飞蓬 *Erigeron acris*

形态特征：二年生草本。体态及毛茸多变异。头状花序较小而多数，常排列成密集的狭圆锥花序。总苞背面被开展的密长毛。基部叶全缘。茎单生，叶片披针形。花期 7～9 月，花淡红紫色或白色。种子上有冠毛。飞蓬如图 11.8 所示。

生境：山坡草地、牧场及林缘。

分布范围：北京市、内蒙古自治区、河北省、山西省、陕西省、甘肃省、宁夏回族自治区、青海省、四川省、西藏自治区等。

发生地点：呼和浩特市清水河县。

图 11.8　飞蓬

火绒草 *Leontopodium leontopodioides*

形态特征：多年生草本。茎直立，被长柔毛或近绢状毛。叶直立，线形或条状披针形，无鞘，无柄，两面被白色密绵毛。头状花序大。总苞半球形，被白色绵毛；冠毛基部稍黄。瘦果有乳头状凸起或密粗毛。花期 7～10 月，果期 7～10 月。火绒草如图 11.9 所示。

生境：干旱草原、黄土坡地、石砾地、山区草地。

分布范围：新疆维吾尔自治区、青海省、陕西省、山西省、内蒙古自治区、河北省、辽宁省、吉林省、黑龙江省、山东省等。

发生地点：呼和浩特市武川县。

图 11.9　火绒草

刺儿菜 *Cirsium arvense* var. *integrifolium*

形态特征：多年生草本，有长根茎。茎直立，上部有分枝，花序分枝无毛或有薄绒毛。叶互生，基生叶花时凋落，下部和中部叶椭圆形或椭圆状披针形，表面绿色，背面淡绿色，两面有疏密不等的白色蛛丝状毛，顶端短尖或钝，基部窄狭或钝圆，近全缘或有疏锯齿，无叶柄。花果期 5～9 月。刺儿菜如图 11.10 所示。

生境：平原、丘陵和山地。

分布范围：全国各地均有分布。

发生地点：呼和浩特市和林格尔县、清水河县、玉泉区。

图 11.10　刺儿菜

第 12 章 牻牛儿苗目 Geraniales

12.1 蒺藜科 Zygophyllaceae

骆驼蓬 *Peganum harmala*

形态特征：多年生草本。茎直立或开展，由基部多分枝。叶互生，叶片卵形，全裂为条形或披针状条形裂片。花单生枝端，与叶对生；花瓣黄白色，倒卵状矩圆形，花丝近基部宽展。蒴果近球形。种子三棱形，黑褐色。花期 5～6 月，果期 7～9 月。骆驼蓬如图 12.1 所示。

生境：荒漠地带干旱草地、绿洲边缘轻盐渍化沙地、壤质低山坡或河谷沙丘。

分布范围：宁夏回族自治区、内蒙古自治区、甘肃省、新疆维吾尔自治区、西藏自治区等。

发生地点：呼和浩特市托克托县、土默特左旗。

图 12.1 骆驼蓬

蒺藜 *Tribulus terrestris*

形态特征：一年生草本。茎平卧，枝长 20～60 cm。偶数羽状复叶，长 1.5～5 cm；小叶对生，3～8 对，矩圆形或斜短圆形，长 5～10 mm、宽 2～5 mm，先端锐尖或钝，基部稍偏斜，被柔毛，全缘。花腋生，花梗短于叶，花黄色。蒺藜如图 12.2 所示。

生境：沙地、荒地、山坡。

分布范围：全国各地均有分布。

发生地点：呼和浩特市玉泉区、赛罕区、托克托县、清水河县、和林格尔县、土默特左旗。

图 12.2　蒺藜

第 13 章　管状花目 Tubiflorae

13.1　唇形科 Lamiaceae

白花枝子花 *Dracocephalum heterophyllum*

形态特征：多年生草本。茎在中部以下具长的分枝，钝四棱形，密被倒向的小毛。叶片宽卵形至长卵形，先端钝或圆形，基部心形，下面疏被短柔毛或几无毛，边缘被短睫毛及浅圆齿；茎中部叶与基生叶同形，具与叶片等长或较短的叶柄，边缘具浅圆齿或尖锯齿；茎上部叶变小，叶柄变短，锯齿常具刺而与苞片相似。白花枝子花如图 13.1 所示。

生境：山地草原及半荒漠的多石干燥地区。

分布范围：山西省、内蒙古自治区、宁夏回族自治区、甘肃省、四川省、青海省、西藏自治区、新疆维吾尔自治区等。

发生地点：呼和浩特市武川县。

图 13.1　白花枝子花

13.2　旋花科 Convolvulaceae

菟丝子 *Cuscuta chinensis*

形态特征：一年生寄生草本。茎丝线状，橙黄色，叶退化成鳞片。花簇生，外有膜质苞片；花萼杯状；花冠白色，长为花弯 2 倍，顶端 5 裂，裂片常向外反曲；雄蕊 5 个，花丝短，与花冠裂片互生；鳞片 5 个，近长圆形。蒴果近球形，成熟时被花冠全部包围。种子淡褐色。花果期 7～10 月。菟丝子如图 13.2 所示。

生境：山坡路旁、河边。

寄主：豆科、菊科、蓼科等植物。

分布范围：华北、华东、中南、西北及西南等地区。

发生地点：呼和浩特市玉泉区、赛罕区、托克托县、和林格尔县、清水河县。

图 13.2　菟丝子

13.3　茄科 Solanaceae

天仙子 ***Hyoscyamus niger***

形态特征：二年生草本，高达 1 m，全体被黏性腺毛。根较粗壮。自根茎发出莲座状叶丛，卵状披针形或长矩圆形，顶端锐尖，边缘有粗牙齿或羽状浅裂，主脉扁宽，侧脉五六条直达裂片顶端，有宽而扁平的翼状叶柄，基部半抱根茎。夏季开花、结果。天仙子如图 13.3 所示。

生境：山坡、路旁、住宅区及河岸沙地。

分布范围：东北、华北、西北及西南等地区，华东地区有栽培或逸为野生。

发生地点：呼和浩特市武川县、清水河县、回民区、玉泉区。

图 13.3　天仙子

13.4　紫草科 Boraginaceae

鹤虱 *Lappula myosotis*

形态特征：一年生或二年生草本。花序生小枝顶端；苞片甚小；花萼 5 个深裂，裂片线形，果期略增长；花冠淡蓝色。小坚果卵状至狭卵状，背面三角状卵形或狭卵形，散生颗粒状凸起；花柱伸出小坚果约 1 mm。花果期 7～8 月。鹤虱如图 13.4 所示。

生境：山地、草地。

分布范围：河南省、山西省、陕西省、甘肃省、贵州省、内蒙古自治区等。

发生地点：呼和浩特市托克托县、清水河县。

图 13.4　鹤虱

大果琉璃草 *Cynoglossum divaricatum*

形态特征：多年生草本。茎直立，中空，具肋棱。基生叶和茎下部叶片长圆状披针形，上下面均密生贴伏的短柔毛。花序顶生及腋生，花稀疏，集为疏松的圆锥状花序；苞片狭披针形或线形；花柱肥厚，扁平。花期 6～7 月，果实 8 月成熟。大果琉璃草如图 13.5 所示。

生境：山坡、草地、沙丘、石滩及路边。

分布范围：新疆维吾尔自治区、甘肃省、陕西省以及华北、东北等地区。

发生地点：呼和浩特市清水河县。

图 13.5　大果琉璃草

第 14 章　捩花目 Contortae

14.1　萝藦科 Asclepiadaceae

萝藦 *Cynanchum rostellatum*

形态特征：多年生草质藤本。具乳汁。茎圆柱状，下部木质化，上部较柔韧，表面淡绿色，有纵条纹。叶膜质，卵状心形，顶端短渐尖，基部心形，叶耳圆，两叶耳展开或紧接，叶面绿色，叶背粉绿色，两面无毛，或幼时被微毛，老时被毛脱落。花期 6～9 月，果期 9～12 月。萝藦如图 14.1 所示。

生境：林边荒地、山脚、河边、路旁灌木丛。

分布范围：东北、华北、华东地区及甘肃省、陕西省、贵州省、河南省、湖北省等。

发生地点：呼和浩特市玉泉区、托克托县、和林格尔县。

图 14.1　萝藦

地梢瓜 *Cynanchum thesiodes*

形态特征：多年生草本，含乳汁。根茎横生；茎直立或斜生，上部缠绕，多自基部分枝，密生白色柔毛。单叶对生或近对生，线形，两面密生白色柔毛；叶柄短。聚伞花序，叶腋生。地梢瓜如图 14.2 所示。

生境：山坡、沙丘或干旱山谷、荒地、田边。

分布范围：黑龙江省、吉林省、辽宁省、内蒙古自治区、河北省、河南省、山东省、山西省、陕西省、甘肃省、新疆维吾尔自治区、江苏省等。

发生地点：呼和浩特市和林格尔县。

图 14.2　地梢瓜

14.2 龙胆科 Gentianaceae

达乌里秦艽 *Gentiana dahurica*

形态特征：多年生草本，高 10～25 cm，全株光滑无毛，基部被枯存的纤维状叶鞘包裹。须根多条。枝多数丛生，斜生，黄绿色或紫红色，近圆形，光滑。莲座丛叶披针形或线状椭圆形。聚伞花序顶生及腋生，排列成疏松的花序；花梗斜伸，黄绿色或紫红色。蒴果内藏，无柄，狭椭圆形，长 2.5～3 cm；种子淡褐色，有光泽，矩圆形，长 1.3～1.5 mm，表面有细网纹。花果期 7～9 月。达乌里秦艽如图 14.3 所示。

生境：田边、路旁、河滩、湖边沙地、水沟边、向阳山坡及干旱草原等。

分布范围：四川北部及西北部，以及西北、华北、东北等地区。

发生地点：呼和浩特市和林格尔县。

图 14.3 达乌里秦艽

第 15 章　蓼目 Polygonales

15.1　蓼科 Polygonaceae

皱叶酸模 *Rumex crispus*

形态特征：多年生草本。茎直立，有浅沟槽，通常不分枝，无毛。根生叶有长柄；叶片披针形或长圆状披针形；茎上部叶小，有短柄；托叶鞘，铜状，膜质。花序由数个腋生的总状花序组成圆锥状；花两性，多数。花期 6～7 月，果期 7～8 月。皱叶酸模如图 15.1 所示。

生境：河滩、沟边湿地。

分布范围：东北、华北、西北地区及山东省、河南省、湖北省、四川省、贵州省、云南省等。

发生地点：呼和浩特市玉泉区、清水河县。

图 15.1　皱叶酸模

酸模 *Rumex acetosa*

形态特征：多年生草本。茎直立，具深沟槽，通常不分枝。基生叶和茎下部叶箭形，顶端急尖或圆钝，基部裂片急尖；茎上部叶较小，具短叶柄或无柄。花序狭圆锥状，顶生；花单性，雌雄异株。花期 5～7 月，果期 6～8 月。酸模如图 15.2 所示。

生境：山坡、林缘、沟边、路旁。

分布范围：全国各地均有分布。

发生地点：呼和浩特市和林格尔县。

图 15.2　酸模

第 16 章 麻黄目 Ephedrales

16. 1 麻黄科 Ephedraceae

中麻黄 *Ephedra intermedia*

形态特征：灌木，高 20～100 cm。茎直立或匍匐斜上，粗壮，基部分枝多。叶 3 裂及 2 裂混见，下部约 2/3 合生呈鞘状，上部裂片钝三角形或窄三角披针形。雄球花通常无梗，数个密集于节上呈团状；雌球花两三成簇，对生或轮生于节上。种子包于肉质红色的苞片内。花期 5～6 月，种子 7～8 月成熟。中麻黄如图 16.1 所示。

生境：干旱荒漠、沙滩地区及干旱的山坡或草地上。

分布范围：辽宁省、河北省、山东省、内蒙古自治区、山西省、陕西省、甘肃省、青海省、新疆维吾尔自治区等。

发生地点：呼和浩特市武川县。

图 16.1 中麻黄

第 17 章 毛茛目 Ranales

17.1 毛茛科 Ranunculaceae

翠雀 *Delphinium grandiflorum*

形态特征：多年生草本。基生叶和茎下部叶有长柄；叶片圆五角形，三全裂，中央全裂片近菱形，小裂片线状披针形至线形，边缘干时稍反卷，侧全裂片扇形，两面疏被短柔毛或近无毛；叶柄长为叶片长的 3～4 倍，基部具短鞘。花期 5～10 月。翠雀如图 17.1 所示。

生境：山坡、草地、沙丘。

分布范围：内蒙古自治区、云南省、山西省、河北省、宁夏回族自治区、贵州省、四川省等。

发生地点：呼和浩特市回民区、武川县。

图 17.1 翠雀

甘青铁线莲 ***Clematis tangutica***

形态特征：落叶藤本，长 1～4 m。主根粗壮，木质。茎有明显的棱，幼时被长柔毛，后脱落。一回羽状复叶，有 5～7 个小叶；小叶片基部常浅裂、深裂或全裂，侧生裂片小，中裂片较大，卵状长圆形、狭长圆形或披针形。花期 6～9 月，果期 9～10 月。甘青铁线莲如图 17.2 所示。

生境：高原草地或灌丛。

分布范围：新疆维吾尔自治区、西藏自治区、四川省、青海省、甘肃省、陕西省、内蒙古自治区等。

发生地点：呼和浩特市赛罕区、和林格尔县。

图 17.2　甘青铁线莲

第 18 章　木贼目 Equisetales

18.1　木贼科 Equisetaceae

木贼 *Equisetum hyemale*

形态特征：根茎横走或直立，黑棕色，节和根有黄棕色长毛。地上枝多年生。顶端淡棕色，膜质，芒状，早落；下部黑棕色，薄革质；基部的背面有三四条纵棱，宿存或同鞘筒一起早落。孢子囊穗卵状，顶端有小尖突，无柄。木贼如图 18.1 所示。

生境：山坡、湿地或疏林下。

分布范围：东北、华北地区及长江流域等。

发生地点：呼和浩特市赛罕区。

图 18.1　木贼

黄花刺茄 *Solanum rostratum*

形态特征：一年生草本。直根系，主根发达，侧根较少，多须根。茎直立，基部稍木质化。叶互生，密被刺及星状毛；叶片卵形或椭圆形。蝎尾状聚伞花序腋外生。萼片直立靠拢呈鸟喙状。果皮薄，与萼合生。种子多数，黑色。花果期 6～9 月。黄花刺茄如图 18.2 所示。

生境：田野、河岸、过度放牧的牧场。

分布范围：辽宁省、吉林省、河北省、北京市、新疆维吾尔自治区、内蒙古自治区等。

发生地点：呼和浩特市赛罕区、托克托县、玉泉区、回民区、土默特左旗。

图 18.2　黄花刺茄

第 19 章　桃金娘目 Myrtales

19.1　瑞香科 Thymelaeaceae

瑞香狼毒 *Stellera chamaejasme*

形态特征：多年生草本。根粗大，圆柱形，木质，外皮棕色，断面淡黄色，有绵性纤维。茎直立，数茎丛生。叶互生，无柄，披针形至椭圆状披针形，全缘，无毛。圆头状花序顶生，未开时像一束火柴头；总苞绿色；花被管状，细，基部稍膨大，先端 5 裂，裂片有紫红色网纹。果实圆锥形，为花被管基部所包。花期夏季。瑞香狼毒如图 19.1 所示。

生境：高山及草原上。

分布范围：黑龙江省、吉林省、辽宁省、河北省、内蒙古自治区、甘肃省、青海省、宁夏回族自治区、西藏自治区等。

发生地点：呼和浩特市回民区、武川县、清水河县、土默特左旗。

图 19.1　瑞香狼毒

第 20 章　中央种子目 Centrospermae

20.1　苋科 Amaranthaceae

紫翅散枝蓬 *Pyankovia roborowskii*

形态特征：一年生草本，高 10～30 cm。叶互生，下部的叶近对生，叶片半圆柱状，密生短柔毛，顶端钝，基部稍扩展，不下延，下部的叶通常弯曲。花序穗状，生于枝条的上部；苞片宽卵形，顶端钝，边缘膜质；小苞片卵形，短于花被；花被片披针形，膜质，无毛或有疏柔毛，以后柔毛脱落，顶端尖，结果时自背面中下部生翅；翅 3 个，为肾形，膜质，紫红色或暗褐色，有多数细而密集的脉；花被片在翅以上部分向中央聚集，形成圆锥体；花药附属物椭圆形，白色。花期 7～8 月，果期 8～9 月。紫翅散枝蓬如图 20.1 所示。

生境：平原、低山的砾质荒漠和荒漠草原。

分布范围：新疆维吾尔自治区、内蒙古自治区等。

发生地点：呼和浩特市武川县。

图 20.1　紫翅散枝蓬

第 4 篇

菌物界 Fungi

第 21 章　白粉病类

21.1　披针叶野决明白粉病

症状：发病初期在叶片上出现白色粉状病斑，病斑扩展后融合成片，严重时覆满整个叶面，后期在白色霉层中生出黄褐色至黑色小点，为病原菌在有性生殖阶段形成的闭囊壳。披针叶野决明白粉病症状如图 21.1 所示。

图 21.1　披针叶野决明白粉病症状

病原：病原为子囊菌门、白粉菌目、白粉菌属的黄华白粉菌（*Erysiphe thermopsidis*）。闭囊壳近聚生至聚生，暗褐色，扁球形；附属丝 12～28 根，不分枝，个别近屈膝状。子囊 6～8 个，近卵形，无柄；子囊孢子 3～5 个，卵形至长卵圆形，带黄色。披针叶野决明白粉病病原如图 21.2 所示。

分布范围：内蒙古自治区、山西省、吉林省、青海省等。

发生地点：呼和浩特市回民区、玉泉区。

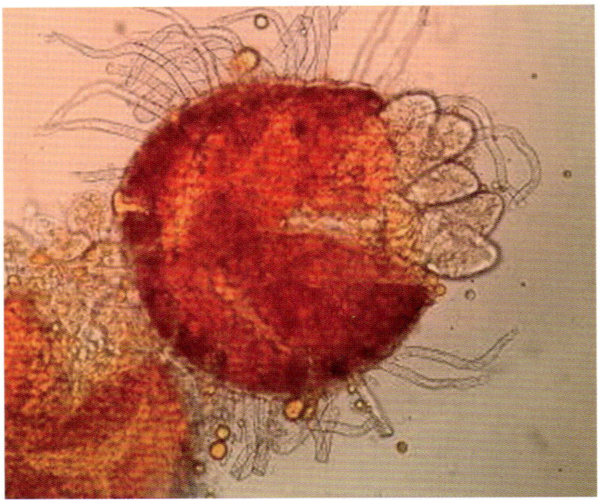

图 21.2　披针叶野决明白粉病病原

21.2　唐松草白粉病

症状：发病初期在叶背面出现圆形或椭圆形黄褐色小斑点，后逐渐扩大成病斑；叶表面病斑褐色，逐渐长出白粉，后期在白粉层出现大小不同的小黑点，即闭囊壳。唐松草白粉病症状如图 21.3 所示。

图 21.3　唐松草白粉病症状

病原：病原为子囊菌门、白粉菌目、白粉菌属的毛茛楼斗菜白粉菌（*Erysiphe aquilegiae*）。子囊果散生至聚生，深褐色、扁球形；附属丝 12～30 根，一般不分枝，大多弯曲，少数近直，常明显呈曲折状或波状，壁薄，稍粗糙或平滑。菌丝体大多生于叶的两面，少数只生于叶正面或叶背面，也生于叶柄和梗上，消失、近存留至存留。子囊 4～8 个，卵形、不规则卵形，少数广卵形至近球形，有短柄至近无柄；子囊孢子 3～5 个，卵椭圆形、长卵形，带黄色。唐松草白粉病病原如图 21.4 所示。

分布范围：吉林省、内蒙古自治区、黑龙江省、陕西省等。

发生地点：呼和浩特市回民区。

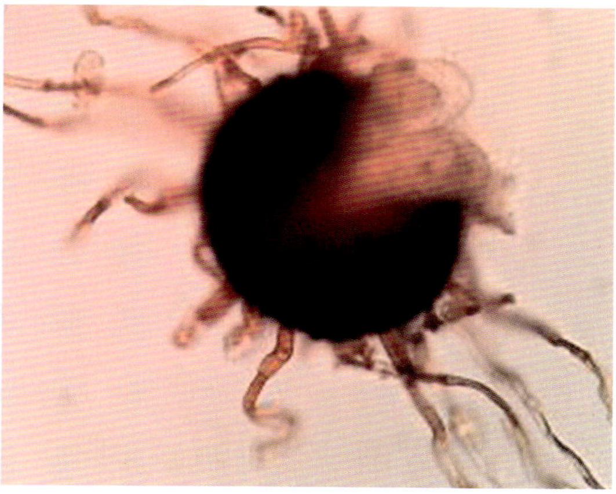

图 21.4　唐松草白粉病病原

21.3 车前白粉病

症状：叶片生白色粉状斑，主要生于叶面，为病原菌在无性生殖阶段产生的分生孢子梗和分生孢子。病原菌主要寄生于叶面表皮细胞，以吸器吸取营养。发病严重时，病斑可连成一片，整个叶面覆满白粉。8 月末在叶片白色粉状斑上长出小黑点，即病原菌的闭囊壳。车前白粉病症状如图 21.5 所示。

图 21.5 车前白粉病症状

病原：病原为子囊菌门、白粉菌目、白粉菌属的菊科白粉菌（*Erysiphe cichoracearum*）。闭囊壳扁球形；附属丝菌丝状，内含多个子囊。分生孢子长椭圆形、卵圆形，串生、单胞、无色。菌丝表生，有吸器。子囊孢子椭圆形，单胞、无色、透明。车前白粉病病原如图 21.6 所示。

分布范围：全国各地均有分布。

发生地点：呼和浩特市玉泉区、赛罕区。

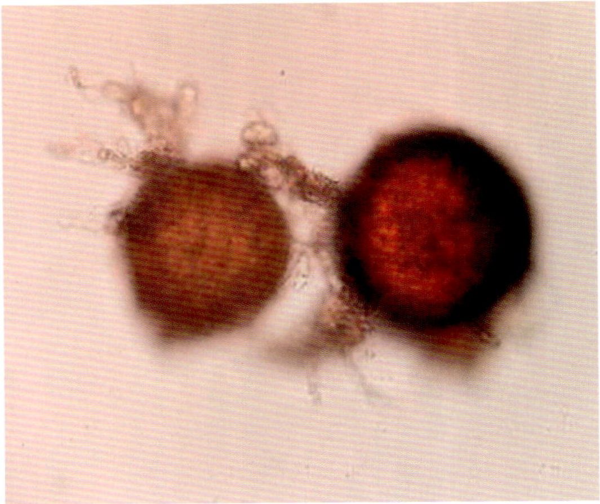

图 21.6 车前白粉病病原

21.4　胡枝子白粉病

症状：发病时会在茎、叶及叶柄部位产生白色粉状物，病情严重时会扩大汇合成可以覆盖所有或大部分叶面的白色粉层，后变成灰色或浅棕色。同时在粉层中会出现黄色或黑色的颗粒状物。胡枝子白粉病症状如图 21.7 所示。

图 21.7　胡枝子白粉病症状

病原：病原为子囊菌门、白粉菌目、白粉菌属的胡枝子白粉菌（*Erysiphe glycines*）。闭囊壳散生至近聚生，暗褐色、扁球形；附属丝 14～42 根，一般不分枝，近直、曲折状至扭曲状，有 0～3 个隔膜，一般无色，个别在基部呈淡黄色至淡褐色。子囊 6～11 个，近卵形、广卵形至不规则形，有短柄，近无柄至无柄；子囊孢子 6～7 个，卵形、长卵圆形，带黄色。胡枝子白粉病病原如图 21.8 所示。

分布范围：全国各地均有分布。

发生地点：呼和浩特市玉泉区、和林格尔县、清水河县。

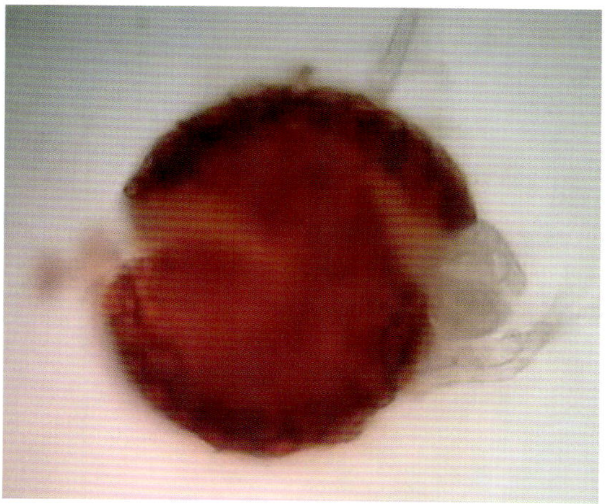

图 21.8　胡枝子白粉病病原

21.5 米口袋白粉病

症状：发病初期在叶背面形成较厚的白色斑块状粉层，逐渐蔓延覆满整个叶片的正、背两面，呈毡状，内埋深褐色至黑褐色小点状闭囊壳。病株的大量叶片提前脱落。米口袋白粉病症状如图 21.9 所示。

图 21.9　米口袋白粉病症状

病原：病原为子囊菌门、白粉菌目、叉丝壳属的小檗叉丝壳（*Microsphaera berberidis*）。菌丝体生于叶的两侧；子囊果多数散生，也有一些密聚生，球形；附属丝 3～17 根，多光滑。子囊一般 2～13 个，宽圆形，有的有短柄，部分无柄；子囊孢子 3～6 个，椭圆形或长椭圆形无色或灰绿色，单胞。米口袋白粉病病原如图 21.10 所示。

分布范围：甘肃省、新疆维吾尔自治区、内蒙古自治区、辽宁省等。

发生地点：呼和浩特市托克托县、和林格尔县、武川县、清水河县。

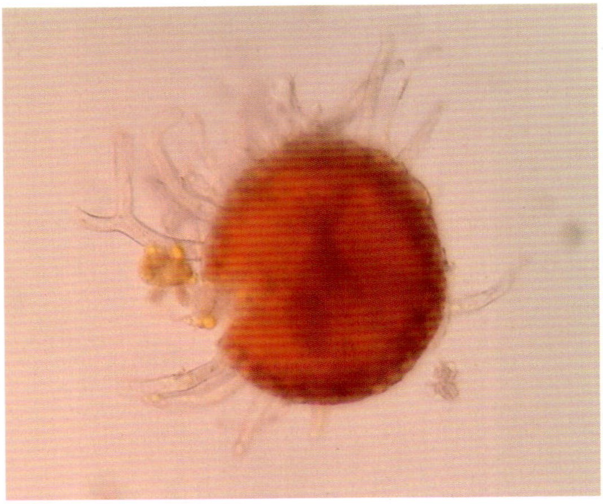

图 21.10　米口袋白粉病病原

21.6 草木樨白粉病

症状：病株的叶、茎、花梗和荚果上出现白粉病斑，随病斑扩大相互汇合，整叶被白粉覆盖，这些白粉即病原菌的气生菌丝，分生孢子梗和分生孢子等。后期在白粉状霉层中出现许多黄色、橙色至黑色小点，即病原菌在有性生殖阶段产生的闭囊壳。草木樨白粉病症状如图 21.11 所示。

图 21.11 草木樨白粉病症状

病原：病原为子囊菌门、白粉菌目、白粉菌属的豌豆白粉菌（*Erysiphe pisi*）。闭囊壳散生或聚生，球形或扁球形，暗褐色，壳壁细胞较小，为不规则多角形；附属丝 12～43 根，基部淡褐色，上部无色，多不分枝，长度为闭囊直径的 1～5 倍，0～3 个隔膜。闭囊壳内有 3～10 个子囊。分生孢子单胞，无色，桶形至圆柱形。菌丝气生，永存性，只以吸器伸入寄主表皮细胞吸收营养。子囊卵形、椭圆形，无色，有短柄至近无柄，内有 3～6 个子囊孢子；子囊孢子卵形、椭圆形，无色至略带黄色。草木樨白粉病病原如图 21.12 所示。

分布范围：新疆维吾尔自治区、甘肃省、陕西省、山西省、河北省、北京市、内蒙古自治区、辽宁省、吉林省等。

发生地点：呼和浩特市和林格尔县。

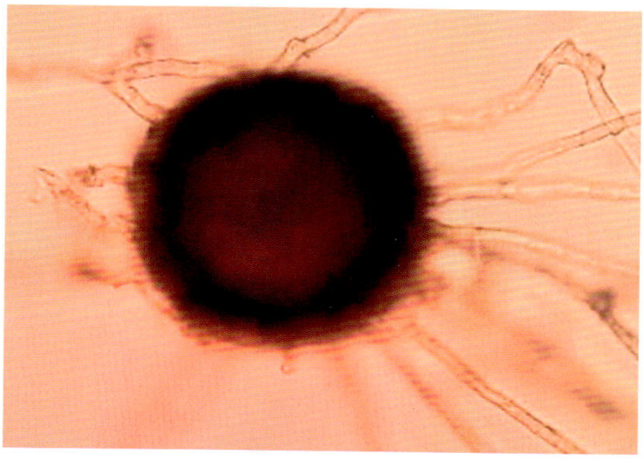

图 21.12 草木樨白粉病病原

21.7 苜蓿白粉病

症状：病部出现白色粉状霉斑，初期病斑小，圆形或长椭圆形，后期逐渐扩大并相互融合，覆盖叶片大部分。霉层主要发生于叶背面，病斑扩展后，逐渐在叶上形成一层绒毡状霉层，后期在霉层中出现淡黄色至黑褐色或黑色小点，埋生于绒毡层内。苜蓿白粉病症状如图 21.13 所示。

图 21.13 苜蓿白粉病症状

病原：病原为子囊菌门、白粉菌目、内丝白粉菌属的豆科内丝白粉菌（*Leveillula leguminosarum*）。菌丝体初期寄生于寄主组织内，后由气孔伸出，形成大量气生菌丝和分生孢子梗，产生分生孢子。闭囊壳内有子囊多个，子囊多为长椭圆形，有柄、半透明，内含 2～3 个子囊孢子；子囊孢子椭圆形、卵圆形，略带黄色，单胞。苜蓿白粉病病原如图 21.14 所示。

分布范围：甘肃省、新疆维吾尔自治区、陕西省、贵州省、云南省、吉林省、辽宁省、内蒙古自治区、四川省、山西省等。

发生地点：呼和浩特市和林格尔县。

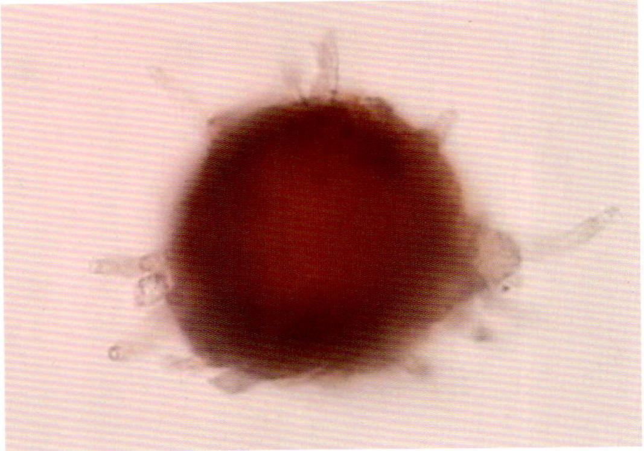

图 21.14 苜蓿白粉病病原

21.8　田旋花白粉病

症状：发病初期在叶上生有不规则的白色小粉斑，与之相对应的叶背面则失绿变为黄白色，后小粉斑逐渐扩大可至全叶表面覆满白色粉层，后期白色粉层中生出许多黑褐色小粒点，即病原菌的闭囊壳。田旋花白粉病症状如图 21.15 所示。

图 21.15　田旋花白粉病症状

病原：病原为子囊菌门、白粉菌目、白粉菌属的双叉旋花白粉菌（*Erysiphe convolvuli*）。子囊壳扁球形，黑褐色，聚生；附属丝 15～47 根，互相缠绕，呈双叉状分枝 1～3 次，黄色至浅褐色。子囊 4～7 个，卵形或不规则，有短柄或无；子囊孢子 3～4 个，卵形。田旋花白粉病病原如图 21.16 所示。

分布范围：全国各地均有分布。

发生地点：呼和浩特市和林格尔县。

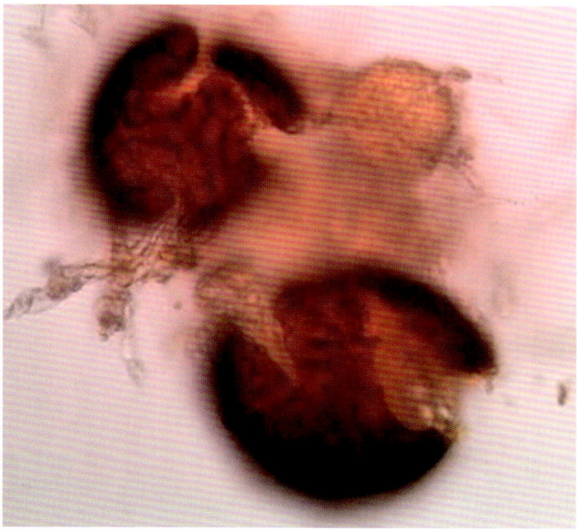

图 21.16　田旋花白粉病病原

21.9 苦荬菜白粉病

症状：发病叶片初生疏密不等的白色粉斑，后白色粉斑相互融合，叶片表面覆满白粉，终至叶片枯黄，失去食用价值。后期在白色粉层上着生黑褐色小点，为有性生殖阶段形成的闭囊壳。苦荬菜白粉病症状如图 21.17 所示。

图 21.17　苦荬菜白粉病症状

病原：病原为子囊菌门、白粉菌目、白粉菌属的菊科白粉菌（*Erysiphe cichoracearum*）。闭囊壳近圆球形，暗褐色；附属丝较多，菌丝状；分生孢子梗直立，不分枝，长圆形、单胞、无色，串生。子囊 6～21 个，卵形或短椭圆形；子囊孢子 2～3 个，椭圆形。苦荬菜白粉病病原如图 21.18 所示。

分布范围：陕西省、内蒙古自治区、江苏省、浙江省、福建省、安徽省、台湾省、江西省、湖南省、广东省、广西壮族自治区、贵州省、四川省、云南省等。

发生地点：呼和浩特市清水河县。

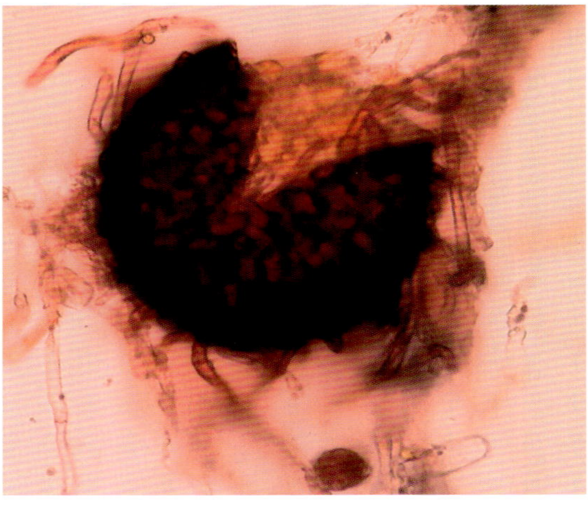

图 21.18　苦荬菜白粉病病原

21.10　蒌蒿白粉病

症状：发病初期，叶片出现白色近圆形粉斑，随后病斑扩大成连片白斑，严重的整个叶片覆满白粉，叶正面重于叶背面。发病后期，白色霉斑变为灰色，在病斑上生出成堆的黄褐色小粒，最后小粒变成黑色。蒌蒿白粉病症状如图 21.19 所示。

图 21.19　蒌蒿白粉病症状

病原：病原为子囊菌门、白粉菌目、白粉菌属的蒿白粉菌（*Erysiphe artemisiae*）。子囊果散生或稍聚生，暗褐色，扁球形；附属丝多弯曲，少数近直，多数不分枝，壁薄，光滑或稍粗糙，分枝全长近无色，少数黄色、淡褐色或基部淡褐色，向上渐无色。子囊卵形、椭圆形、不规则形，长柄至近无柄。蒌蒿白粉病病原如图 21.20 所示。

分布范围：黑龙江省、吉林省、辽宁省、内蒙古自治区、河北省、山西省、陕西省、甘肃省、山东省、江苏省、安徽省、江西省、河南省、湖北省、湖南省、广东省、四川省、云南省及贵州省等。

发生地点：呼和浩特市武川县。

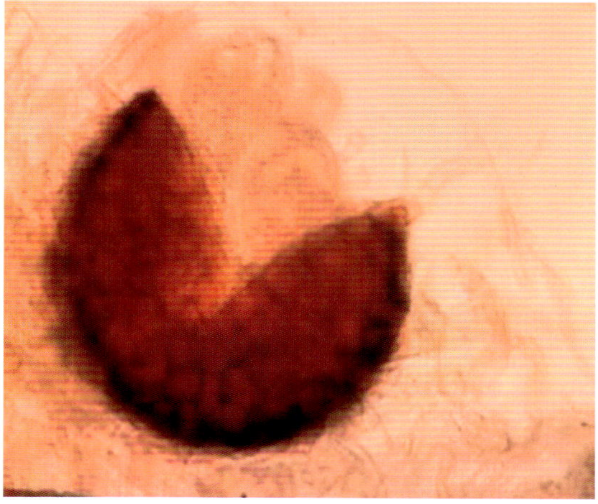

图 21.20　蒌蒿白粉病病原

21.11　酸模白粉病

症状：发病初期在叶背面可见稀疏白色粉状物，叶簇期扩展到叶正面，而后，叶片出现不均匀褪绿，直到发黄甚至枯死。发病植株一般下部叶片重于上部叶片，严重时整个植株均被白色粉状物覆盖，叶片皱缩不平或卷曲。酸模白粉病症状如图 21.21 所示。

图 21.21　酸模白粉病症状

病原：病原为半知菌门、丝孢目、粉孢属（*Oidium* Link）的真菌。在该白粉病原菌的无性阶段，分生孢子梗直立，分生孢子串生，椭圆形至卵形，单孢，无色。酸模白粉病病原如图 21.22 所示。

分布范围：全国各地均有分布。

发生地点：呼和浩特市清水河县。

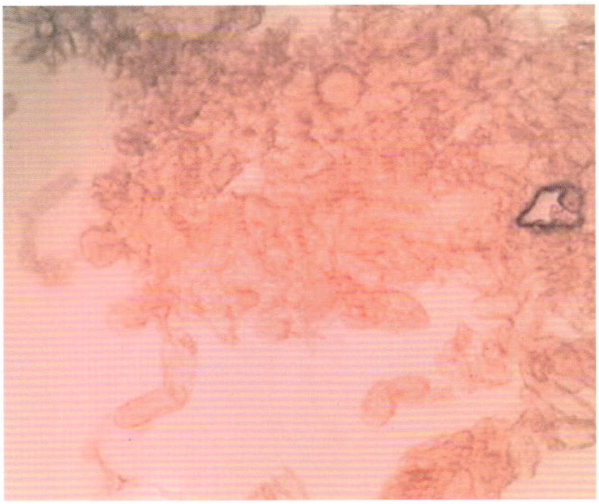

图 21.22　酸模白粉病病原

21.12　蒲公英白粉病

症状：发病初期在叶面生出稀疏的白粉状霉斑，一般不太明显，后白粉斑扩展，粉层增大，到后期在叶正面布满小的褐色至黑色粒状物，即病原菌的闭囊壳。蒲公英白粉病症状如图 21.23 所示。

图 21.23　蒲公英白粉病症状

病原：病原为子囊菌门、白粉菌目、单囊壳属的棕丝单囊壳（*Sphaerotheca fusca*）。菌丝体生于叶两面。子囊果生在叶上，散生，褐色至暗褐色，球形或近球形；附属丝 3～7 根，着生在子囊果下面，隔膜 0～6 个，内含 1 个子囊。子囊椭圆形或卵形，少数具短柄，内含 6～8 个子囊孢子；子囊孢子椭圆形或矩圆形。蒲公英白粉病病原如图 21.24 所示。

分布范围：江苏省、湖北省、河南省、安徽省、浙江省、黑龙江省、吉林省、辽宁省、内蒙古自治区、河北省、山西省、陕西省、甘肃省、青海省、山东省、浙江省、福建省、台湾省、湖南省、广东省、四川省、贵州省、云南省等。

发生地点：呼和浩特市赛罕区。

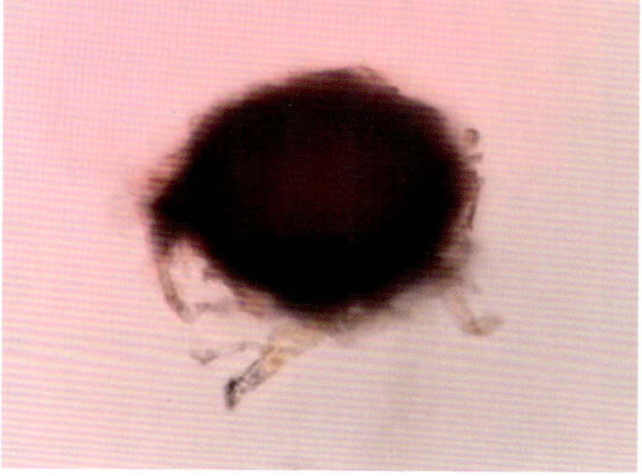

图 21.24　蒲公英白粉病病原

21.13 白莲蒿白粉病

症状：叶片表面出现薄薄一层的白色斑。严重时全部叶面或植株被白色粉末覆盖，致使白莲蒿整株呈白色。白莲蒿白粉病症状如图 21.25 所示。

图 21.25　白莲蒿白粉病症状

病原：病原为子囊菌门、白粉菌目、白粉菌属的蒿白粉菌（*Erysiphe artemisiae*）。菌丝体出现在叶的两边，多在叶片背面生，后来菌丝体消逝、近存留至存留，存留时形成白色不规则形斑，闭囊壳一般散生，少数聚生，暗褐色；附属丝 48～65 根，一般不分枝，粗细均匀，壁薄，有隔膜，在隔膜处一般不收缩，几乎无色，少数为黄色至淡褐色。子囊一般有短柄，1 个子囊里有 2 个子囊孢子，圆形。白莲蒿白粉病病原如图 21.26 所示。

分布范围：江苏省、湖北省、河南省、安徽省、浙江省、黑龙江省、吉林省、辽宁省、内蒙古自治区、云南省等。

发生地点：呼和浩特市赛罕区。

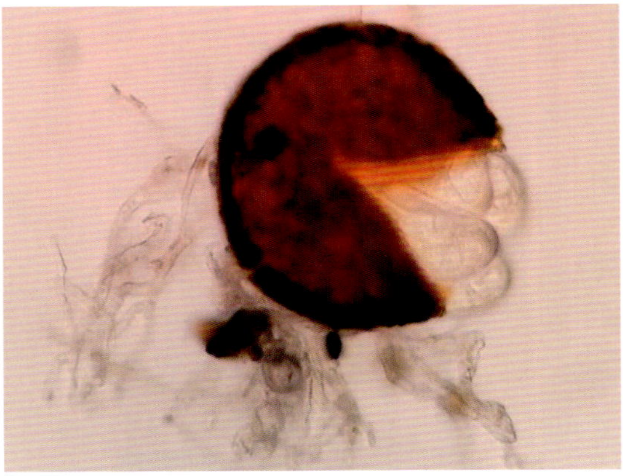

图 21.26　白莲蒿白粉病病原

第 22 章　锈病类

22.1　委陵菜锈病

症状：叶片上常见呈橘红色粉末状的锈孢子堆，后期呈黑色圆状，散生或集生于叶片、花、果实背面，大小为 0.2～0.5 mm，褥状。夏孢子一开始生于委陵菜叶片的最外皮层下，后在叶片的正面分散生长，为黄色的小点，微突，为圆状或多边形。冬孢子堆在叶背面生长，圆状或多边状，黑褐色，周围常有细丝。委陵菜锈病症状如图 22.1 所示。

图 22.1　委陵菜锈病症状

病原：病原为担子菌门、锈菌目、柄锈菌科、多孢锈菌属（*Phragmidium* Link）的真菌。在叶片两面均有锈孢子器，橘黄色；夏孢子堆着生于叶背面，小，有侧丝，球形、近球形、倒卵形或椭圆形，壁有疣状刺；冬孢子堆黑色，圆柱形，壁光滑，榄褐色至赤褐色，柄长可达孢子长 2 倍以上，近无色。委陵菜锈病病原如图 22.2 所示。

分布范围：山东省、辽宁省、安徽省、河北省、河南省、内蒙古自治区、湖北省、江苏省、广西壮族自治区、福建省等。

发生地点：呼和浩特市回民区、武川县、赛罕区。

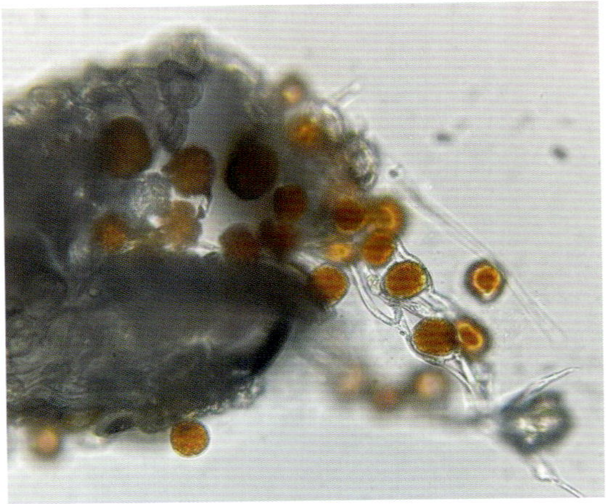

图 22.2　委陵菜锈病病原

22.2　铁线莲锈病

症状：植物被感染的地方会出现明显的黄色至深褐色的粉堆、碗状物或毛状物。发病初期叶面出现淡黄色斑点，产生黄褐色隆起的小病状物。铁线莲锈病症状如图 22.3 所示。

图 22.3　铁线莲锈病症状

病原：病原为担子菌门、锈菌目、柄锈菌科的铁线莲生柄锈菌（*Puccinia clematidicola*）。夏孢子堆叶背散生，近圆形，粉状，破皮外露，橘黄色或淡黄色；夏孢子多为近圆形或宽椭圆形，孢子表面有网纹区，疣突高，具有一层环纹，顶端有粗齿状凸起，底部为分离纤丝形成的底座。铁线莲锈病病原如图 22.4 所示。

分布范围：广西壮族自治区、广东省、湖南省、江西省、内蒙古自治区等。

发生地点：呼和浩特市玉泉区。

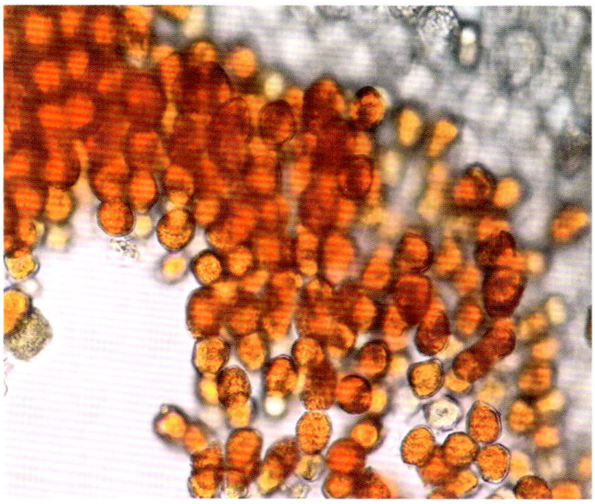

图 22.4　铁线莲锈病病原

22.3 大果琉璃草锈病

症状：受侵染的部位初生很小的棕红色夏孢子堆，突破表皮外露，呈粉末状。后期出现大量黑褐色粉末状的冬孢子堆。大果琉璃草锈病症状如图 22.5 所示。

图 22.5 大果琉璃草锈病症状

病原：病原为担子菌门、锈菌目、柄锈科、柄锈菌属（*Puccinia* Pers）的真菌。锈状的凸起在显微镜下是一个个囊状物，里面包裹着很多的球状颗粒，敲开以后颗粒散出，颜色从浅黄色到深黄色不等。夏孢子堆散生，褐色，粉状；夏孢子橙黄色，球状。冬孢子堆也散生于叶片两面，为褐色的椭圆状物，侧丝的颜色也为褐色，孢子堆如同许多的小室；冬孢子为褐色。大果琉璃草锈病病原如图 22.6 所示。

分布范围：新疆维吾尔自治区、甘肃省、陕西省以及华北、东北等地区。

发生地点：呼和浩特市清水河县。

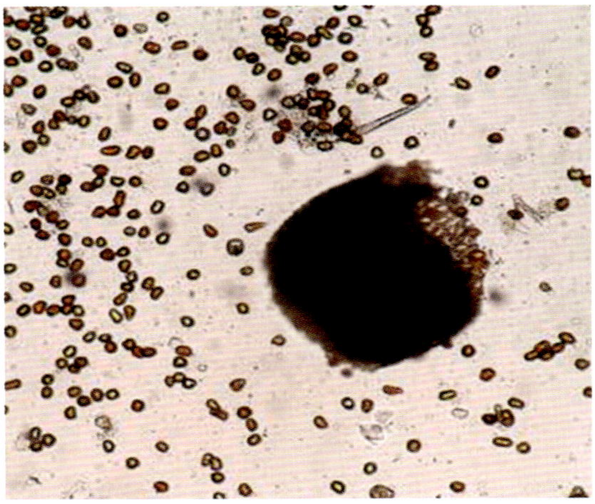

图 22.6 大果琉璃草锈病病原

22.4　草地风毛菊锈病

症状：受侵染植物叶背面有黄色的凸起，且中间颜色深、边缘颜色浅。草地风毛菊锈病症状如图 22.7 所示。

图 22.7　草地风毛菊锈病症状

病原：病原为担子菌门、锈菌目、柄锈菌科的风毛菊柄锈菌（*Puccinia saussureae*）。将囊状物破开后里面会有规则排列的小颗粒，颗粒呈圆形。未见夏孢子堆；夏孢子混生在冬孢子堆中，有刺，有腰生或散生的牙孔。冬孢子堆散生；冬孢子椭圆状，两端圆，膈膜处略缢缩或不缢缩，孢子壁上面布满小疣。草地风毛菊锈病病原如图 22.8 所示。

分布范围：甘肃省、陕西省、内蒙古自治区、宁夏回族自治区、山西省等。

发生地点：呼和浩特市清水河县、武川县。

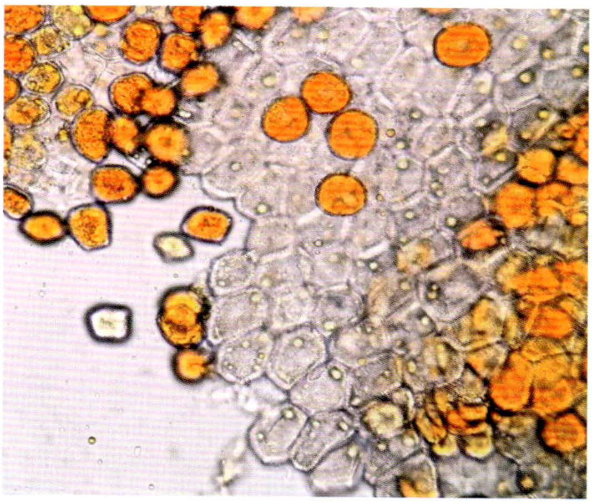

图 22.8　草地风毛菊锈病病原

22.5 蒿锈病

症状：植物的茎和叶上会有黄色的凸起，聚生或散生。发病初期在 7 月，高峰期在 8 月，之后为衰弱期。蒿锈病症状如图 22.9 所示。

图 22.9 蒿锈病症状

病原：病原为担子菌门、锈菌目、柱锈菌科、柱锈菌属（*Cronartium* sp.）的真菌。夏孢子单胞，卵圆形或圆形，孢壁有色，在孢子表面生有针状凸起，黄色，小枝上只有一个细胞，有发芽孔。冬孢子堆褐色；冬孢子长筒形。蒿锈病病原如图 22.10 所示。

分布范围：新疆维吾尔自治区、内蒙古自治区、河北省、北京市、山西省、陕西省等。

发生地点：呼和浩特市清水河县、玉泉区、赛罕区。

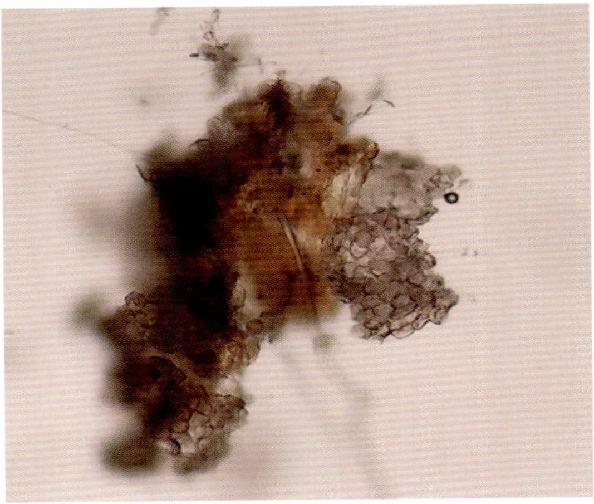

图 22.10 蒿锈病病原

22.6　灰绿藜锈病

症状：叶背面产生近圆形病斑，粉状，直径约 1 mm，黄褐色至锈色，为病原菌夏孢子堆。后期孢子堆多为锈褐色，为病原菌冬孢子堆。灰绿藜锈病症状如图 22.11 所示。

图 22.11　灰绿藜锈病症状

病原：病原为担子菌门、锈菌目、柄锈科的优若藜单胞锈菌（*Uromyces enrotiae*）。夏孢子椭圆形、卵圆形，单胞，淡黄色，壁有细刺，大小（21～32）μm×（16～21）μm。冬孢子球形、椭圆形，黄褐色，大小（16～24）μm×（15～22.5）μm。灰绿藜锈病病原如图 22.12 所示。

分布范围：黑龙江省、吉林省、辽宁省、内蒙古自治区、天津市、宁夏回族自治区、甘肃省、青海省、新疆维吾尔自治区、江西省等。

发生地点：呼和浩特市玉泉区、赛罕区。

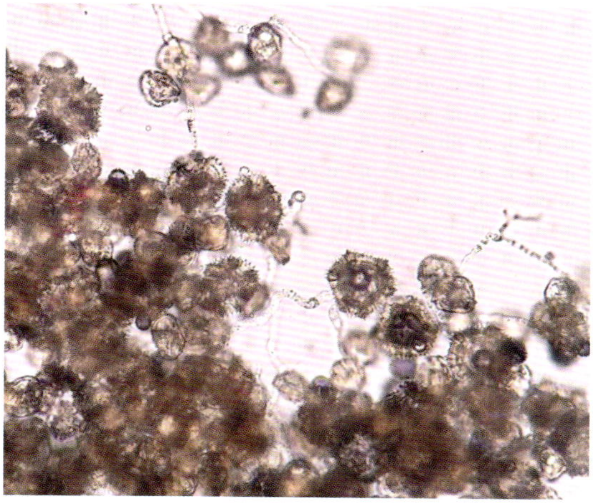

图 22.12　灰绿藜锈病病原

22.7 苦菜锈病

症状：叶背面会有黑褐色的小凸起。在发病初期叶片会生出黄色的小疱斑，即锈孢子堆，然后锈孢子斑破裂，散出浅黄色的粉状物，即锈孢子。之后在粉状物上生出褐色凸起，即夏孢子堆，生长后期生出暗褐色凸起，即冬孢子堆。苦菜锈病症状如图 22.13 所示。

图 22.13　苦菜锈病症状

病原：病原为担子菌门、锈菌目、柄锈菌科的苦荬菜柄锈菌（*Puccinia lactucae-denticulatae*）。敲开囊状物里面有黄色的圆形颗粒。夏孢子堆散生；夏孢子为散生或聚生的褐色球状物，孢子壁有细刺，有 2～4 个牙孔。冬孢子堆散生；冬孢子为肉桂褐色的椭圆状物，两端圆，膈膜处不缢缩或稍缢缩，孢子壁上有疣，上细胞芽孔顶生或略下，下细胞芽孔在中部或中部略下，孢子的短柄无色且易脱落。苦菜锈病病原如图 22.14 所示。

分布范围：东北、华北、华中地区及江苏省、浙江省、福建省、云南省等。

发生地点：呼和浩特市清水河县、玉泉区、赛罕区。

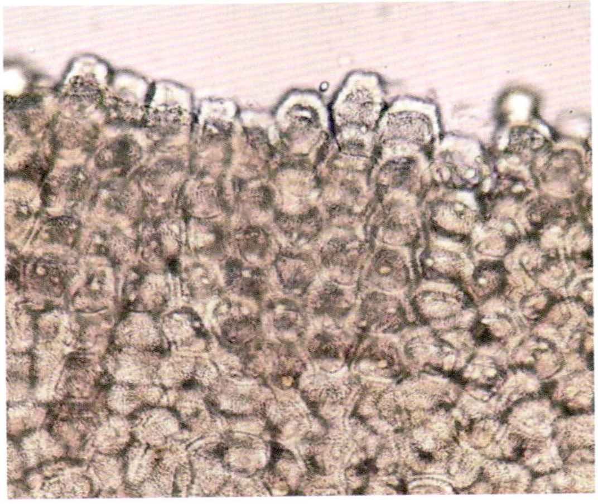

图 22.14　苦菜锈病病原

22.8　山莴苣锈病

症状：叶片上长出了黄色的斑块，且这些斑块靠近叶脉的附近。在发病初期，叶面上产生许多橘黄色的锈孢子器，叶背的对应部位会有凸起的疱状物，很多锈孢子器堆积在一起形成大病斑。山莴苣锈病症状如图 22.15 所示。

图 22.15　山莴苣锈病症状

病原：病原为担子菌门、锈菌目、柄锈菌科的奥皮茨柄锈菌（*Puccinia opizii*）。囊状物中包裹着许多的圆形颗粒，敲开后会看到颗粒散开，颜色为褐色。夏孢子堆聚生或散生，褐色，椭圆状；夏孢子球形，褐色，壁上有刺、有芽孔。冬孢子肉桂褐色，柄无色，不脱落。山莴苣锈病病原如图 22.16 所示。

分布范围：江苏省、上海市、福建省、河南省、黑龙江省、内蒙古自治区、宁夏回族自治区等。

发生地点：呼和浩特市清水河县、玉泉区、赛罕区。

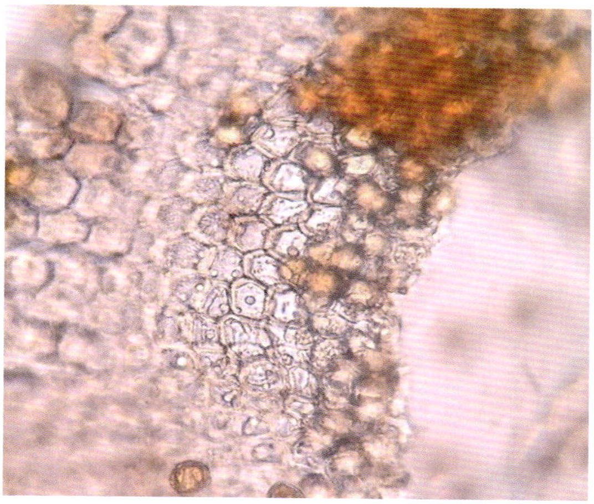

图 22.16　山莴苣锈病病原

第 23 章　叶斑病类

23.1　羊草叶斑病

症状：生于羊草叶片上，梭形或长椭圆形病斑，长可达 8～10 mm，灰褐色，边缘不明显；但外围常呈枯草黄色。在枯黄的叶片上，分生孢子器的显露使病斑呈灰黑色。初期出现顺着叶脉的黄褐色条纹，在叶片两面的条纹上均生黑褐色点。羊草叶斑病症状如图 23.1 所示。

图 23.1　羊草叶斑病症状

病原：病原为半知菌门、丝孢纲、丝孢目、链格孢属的链格孢霉菌（*Alternaria* sp.）。链格孢霉菌的不育菌丝匍匐，分隔；分生孢子梗成簇，大多数不分枝，较短，与营养菌丝几乎无区别。分生孢子倒棒状，顶端延长成喙状，淡褐色，有壁砖状分隔，暗褐色，常数个成链。羊草叶斑病病原如图 23.2 所示。

分布范围：全国各地均有分布。

发生地点：呼和浩特市回民区、玉泉区、和林格尔县、赛罕区、托克托县、武川县、清水河县、土默特左旗。

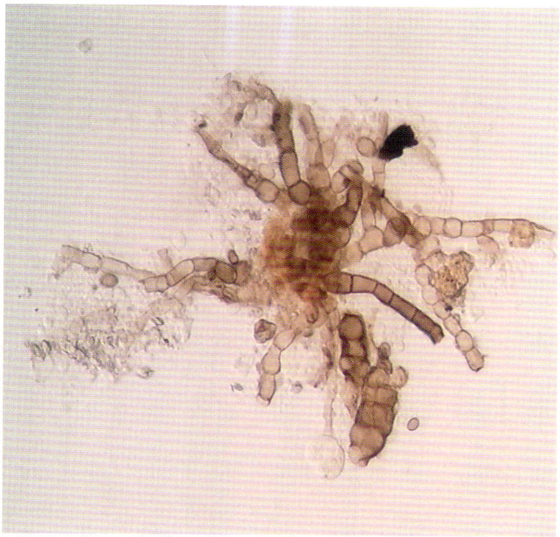

图 23.2　羊草叶斑病病原

23.2 忍冬叶斑病

症状：病斑主要为黑褐色不规则的大型病斑，有的出现下陷的现象。严重时，整个叶片或者整个被侵染枝的叶片全部枯死。忍冬叶斑病症状如图 23.3 所示。

图 23.3 忍冬叶斑病症状

病原：病原为半知菌门、腔孢纲、球壳孢目、球壳孢科的叶点霉属（*Phyllosticta* sp.）的真菌。该病原菌分生孢子器呈圆盘状。忍冬叶斑病病原如图 23.4 所示。

分布范围：内蒙古自治区、甘肃省、青海省、宁夏回族自治区、西藏自治区等。

发生地点：呼和浩特市武川县。

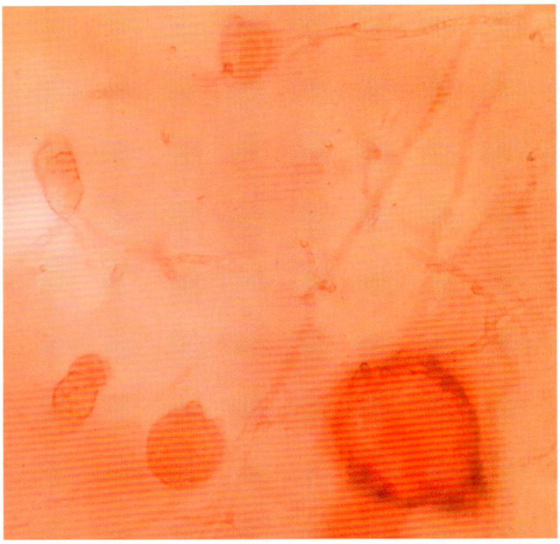

图 23.4 忍冬叶斑病病原

23.3　地榆叶斑病

症状：叶片病斑呈圆形或椭圆形至不规则形，颜色为紫褐色至褐色，具有轮纹，病斑上生有黑色小点，即病原菌的分生孢子盘。病害发生严重时，病斑布满整个叶片，可造成叶片枯黄甚至脱落。地榆叶斑病症状如图 23.5 所示。

图 23.5　地榆叶斑病症状

病原：病原为半知菌门、腔胞纲、黑盘孢目、黑盘孢科的蔷薇放线孢菌（*Actinonela rosae*）。病菌的分生孢子产生于分生孢子盘内，分生孢子长卵形或长椭圆形，双细胞，以此来进行侵染传播。地榆叶斑病病原如图 23.6 所示。

分布范围：黑龙江省、海南省、广东省、广西壮族自治区、云南省、内蒙古自治区、宁夏回族自治区、甘肃省、四川省等。

发生地点：呼和浩特市武川县。

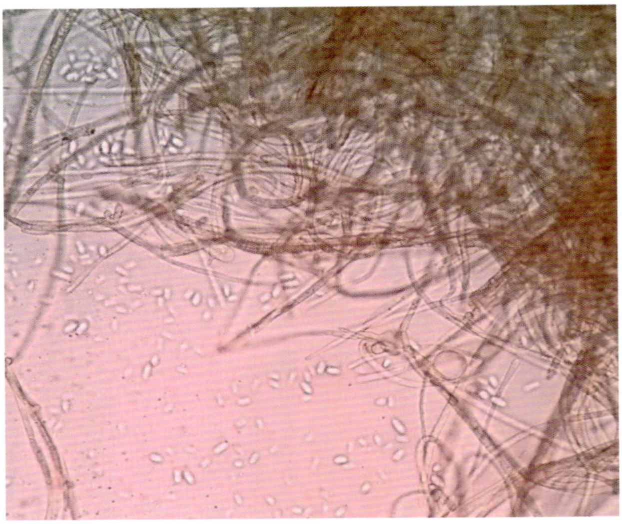

图 23.6　地榆叶斑病病原

附　　录

第 1 篇　动物界 Animalia

脊索动物门 Chordata

鼠类 Rats

1.1　啮齿目 Rodentia

1.1.1　仓鼠科 Cricetidae

短耳仓鼠 *Allocricetulus eversmanni*

寄　　主：草本植物种子、苦豆子、猪毛菜、禾本科植物。

草 地 类：温性山地草甸类草原。

分布范围：新疆维吾尔自治区、内蒙古自治区、辽宁省、青海省、宁夏回族自治区、甘肃省、山西省、吉林省、陕西省、黑龙江省、河北省等。

发生地点：呼和浩特市武川县、和林格尔县、回民区、赛罕区。

危害部位：叶部、茎部、根部。

发生面积：5 700 亩。

长爪沙鼠 *Meriones unguiculatus*

寄　　主：锦鸡儿、沙棘、禾本科植物。

草 地 类：温性山地草甸类草原。

分布范围：内蒙古自治区、河北省、山西省、宁夏回族自治区、陕西省、甘肃省、黑龙江省、吉林省、辽宁省等。

发生地点：呼和浩特市和林格尔县。

危害部位：叶部、茎部、根部。

发生面积：4 700 亩。

中华鼢鼠 *Myospalax fontanieri*

寄　　主：沙棘、锦鸡儿、禾本科植物。

草 地 类：温性山地草甸类草原。

分布范围：甘肃省、青海省、宁夏回族自治区、陕西省、山西省、河北省、内蒙古自治区、四川省、湖南省等。

发生地点：呼和浩特市和林格尔县。

危害部位：叶部、茎部、根部。

发生面积：3 400 亩。

1.1.2　跳鼠科 Dipodidae

五趾跳鼠 *Allactaga sibirica*

寄　　主：麻黄、骆驼刺、锦鸡儿、禾本科杂草。

草 地 类：温性山地草甸类草原。

分布范围：黑龙江省、辽宁省、吉林省、河北省、山西省、内蒙古自治区、陕西省、宁夏回族自治区、青海省、新疆维吾尔自治区等。

发生地点：呼和浩特市和林格尔县、武川县、托克托县、清水河县。

危害部位：茎部、根部。

发生面积：6 700 亩。

1.1.3　松鼠科 Sciuridae

达乌尔黄鼠 *Spermophilus dauricus*

寄　　主：禾本科杂草。

草 地 类：温性山地草甸类草原。

分布范围：黑龙江省、吉林省、内蒙古自治区、河北省、山东省、山西省、陕西省、青海省、宁夏回族自治区、甘肃省等。

发生地点：呼和浩特市武川县、托克托县、赛罕区、玉泉区、清水河县、土默特左旗、新城区。

危害部位：茎部、根部。

发生面积：6 700 亩。

节肢动物门 Arthropoda

昆虫类 Insects

1.2　直翅目 Orthoptera

1.2.1　网翅蝗科 Arcypteridae

白边雏蝗 *Chorthippus albomarginatus*

寄　　主：禾本科植物及其他杂草。

草 地 类：温性山地草甸类草原。

分布范围：黑龙江省、新疆维吾尔自治区、内蒙古自治区、宁夏回族自治区等。

发生地点：呼和浩特市武川县。

危害部位：全株。

发生面积：3 200 亩。

白纹雏蝗 *Chorthippus albonemus*

寄　　主：长芒草、赖草等禾本科植物。

草 地 类：温性山地草甸类草原。

分布范围：宁夏回族自治区、内蒙古自治区、甘肃省、青海省、陕西省等。

发生地点：呼和浩特市和林格尔县、武川县。

危害部位：全株。

发生面积：2 800 亩。

黑翅雏蝗 *Chorthippus aethalinus*

寄　　主：禾本科植物。

草 地 类：温性山地草甸类草原。

分布范围：黑龙江省、吉林省、河北省、山西省、宁夏回族自治区、陕西省、甘肃省、内蒙古自治区等。

发生地点：呼和浩特市托克托县、清水河县。

危害部位：全株。

发生面积：2 400 亩。

狭翅雏蝗 *Chorthippus dubius*

寄　　主：禾本科的碱茅、针茅、披碱草；莎草科的苔草、蒿草；豆科的黄芪、苜蓿、草木樨；蔷薇科的委陵菜；菊科的蒲公英、紫菀、光沙蒿等。

草 地 类：温性山地草甸类草原。

分布范围：青海省、甘肃省、内蒙古自治区、新疆维吾尔自治区、河北省、黑龙江省、吉林省、辽宁省等。

发生地点：呼和浩特市和林格尔县、赛罕区、清水河县。

危害部位：全株。

发生面积：3 600 亩。

中宽雏蝗 *Chorthippus apricarius*

寄　　主：禾本科植物。

草 地 类：温性山地草甸类草原。

分布范围：黑龙江省、吉林省、辽宁省、内蒙古自治区、新疆维吾尔自治区等。

发生地点：呼和浩特市托克托县、和林格尔县、赛罕区、武川县。

危害部位：全株。

发生面积：2 700 亩。

北方雏蝗 *Chorthippus hammarstroemi*

寄　　主：禾本科作物及牧草。

草 地 类：温性山地草甸类草原。

分布范围：黑龙江省、河北省、北京市、山西省、山东省、陕西省、宁夏回族自治区、甘肃省、内蒙古自治区等。

发生地点：呼和浩特市玉泉区。

危害部位：全株。

发生面积：3 400 亩。

华北雏蝗 *Chorthippus brunneus*

寄　　主：小麦、糜子、谷子、蔬菜、禾本科牧草等。

草 地 类：温性山地草甸类草原。

分布范围：黑龙江省、吉林省、辽宁省、河北省、北京市、山西省、内蒙古自治区、宁夏回族自治区、陕西省、新疆维吾尔自治区、青海省、西藏自治区、甘肃省等。

发生地点：呼和浩特市武川县、和林格尔县。

危害部位：全株。

发生面积：1 800 亩。

小翅雏蝗 *Chorthippus fallax*

寄　　主：禾本科、莎草科牧草及苜蓿、谷子、麦类等作物。

草 地 类：温性山地草甸类草原。

分布范围：青海省、甘肃省、新疆维吾尔自治区、内蒙古自治区、吉林省、山西省、河北省等。

发生地点：呼和浩特市和林格尔县、武川县、托克托县。

危害部位：全株。

发生面积：2 000 亩。

宽翅曲背蝗 *Pararcyptera microptera meridionalis*

寄　　主：禾本科牧草及小麦、莜麦、荞麦等。

草 地 类：温性山地草甸类草原。

分布范围：黑龙江省、吉林省、辽宁省、内蒙古自治区、甘肃省、青海省、河北省、山西省、陕西省、山东省等。

发生地点：呼和浩特市托克托县、武川县。

危害部位：全株。

发生面积：2 100 亩。

1.2.2　斑翅蝗科 Oedipodidae

红翅皱膝蝗 *Angaracris rhodopa*

寄　　主：菊科、禾本科牧草。

草 地 类：温性山地草甸类草原。

分布范围：内蒙古自治区、甘肃省、青海省、陕西省、山西省、河北省、黑龙江省等。

发生地点：呼和浩特市和林格尔县、玉泉区、回民区、武川县、托克托县、赛罕区、清水河县。

危害部位：叶部。

发生面积：7 200 亩。

鼓翅皱膝蝗 *Angaracris barabensis*

寄　　主：马铃薯、大豆、蔬菜、禾本科作物、杂草等。

草 地 类：温性山地草甸类草原。

分布范围：黑龙江省、内蒙古自治区、河北省、山西省、宁夏回族自治区、青海省、甘肃省等。

发生地点：呼和浩特市和林格尔县、赛罕区、回民区、武川县、托克托县、玉泉区、清水河县。

危害部位：叶部。

发生面积：7 700 亩。

亚洲小车蝗 *Oedaleus decorus asiaticus*

寄　　主：玉米、小麦、谷类、高粱、芦苇、茅草。

草 地 类：温性山地草甸类草原。

分布范围：内蒙古自治区、宁夏回族自治区、甘肃省、青海省、河北省、陕西省、山东省等。

发生地点：呼和浩特市和林格尔县、赛罕区、玉泉区、武川县、托克托县、清水河县、回民区、土默特左旗、新城区。

危害部位：全株。

发生面积：7 730 亩。

黄胫小车蝗 *Oedaleus infernalis*

寄　　主：小麦、水稻等作物及杂草。

草 地 类：温性山地草甸类草原。

分布范围：河北省、陕西省、山东省、江苏省、安徽省、福建省、内蒙古自治区等。

发生地点：呼和浩特市和林格尔县、托克托县、武川县。

危害部位：叶部。

发生面积：4 200 亩。

黑条小车蝗 *Oedaleus decorus*

寄　　主：玉米、小麦、水稻、高粱、芦苇、茅草。

草 地 类：温性山地草甸类草原。

分布范围：新疆维吾尔自治区、甘肃省、内蒙古自治区、宁夏回族自治区等。

发生地点：呼和浩特市武川县、清水河县。

危害部位：叶部。

发生面积：1 800 亩。

黄胫异痂蝗 *Bryodemella holdereri*

寄　　主：小麦、谷子、杂草等禾本科和莎草科植物。

草 地 类：温性山地草甸类草原。

分布范围：黑龙江省、吉林省、内蒙古自治区、青海省、甘肃省等。

发生地点：呼和浩特市武川县、和林格尔县。

危害部位：叶部。

发生面积：3 300 亩。

轮纹异痂蝗 *Bryodemella tuberculatum*

寄　　主：小麦、谷子、杂草等禾本科和莎草科植物。

草 地 类：温性山地草甸类草原。

分布范围：河北省、黑龙江省、辽宁省、吉林省、内蒙古自治区、新疆维吾尔自治区、青海省、山西省、山东省、陕西省等。

发生地点：呼和浩特市武川县、和林格尔县。

危害部位：全株。

发生面积：2 700 亩。

蒙古束颈蝗 *Sphingonotus mongolicus*

寄　　主：禾本科、莎草科植物。

草 地 类：温性山地草甸类草原。

分布范围：黑龙江省、辽宁省、吉林省、山东省、山西省、河北省、内蒙古自治区、陕西省、甘肃省、河南省等。

发生地点：呼和浩特市武川县。

危害部位：全株。

发生面积：1 800 亩。

疣蝗 *Trilophidia annulata*

寄　　主：芦苇、稗、白茅、狗牙草及蒿类植物。

草 地 类：温性山地草甸类草原。

分布范围：黑龙江省、辽宁省、吉林省、山东省、山西省、河北省、内蒙古自治区、陕西省等。

发生地点：呼和浩特市清水河县、武川县。

危害部位：全株。

发生面积：2 600 亩。

白边痂蝗 *Bryodema luctuosum*

寄　　主：富贵草、针茅、碱草、赖草。

草 地 类：温性山地草甸类草原。

分布范围：甘肃省、青海省、内蒙古自治区、黑龙江省、辽宁省、吉林省、河北省、山西省、西藏自治区等。

发生地点：呼和浩特市武川县。

危害部位：全株。

发生面积：1 900 亩。

大垫尖翅蝗 *Epacromius coerulipes*

寄　　主：禾本科、豆科、菊科、藜科、蓼科等牧草及玉米、高粱、谷子、小麦等作物。

草 地 类：温性山地草甸类草原。

分布范围：西北、华北、东北地区及江苏省等。

发生地点：呼和浩特市和林格尔县、武川县。

危害部位：全株。

发生面积：2 300 亩。

1. 2. 3　斑腿蝗科 Catantopidae

无齿稻蝗 *Oxya adentata*

寄　　主：黄豆、棉花、水稻、小麦、玉米。

草 地 类：温性山地草甸类草原。

分布范围：甘肃省、内蒙古自治区、河北省、河南省、宁夏回族自治区等。

发生地点：呼和浩特市回民区。

危害部位：全株。

发生面积：3 400 亩。

短星翅蝗 *Calliptamus abbreviatus*

寄　　主：豆科及禾本科植物。

草 地 类：温性山地草甸类草原。

分布范围：东北、华北、华东、华中、华南等地区。

发生地点：呼和浩特市武川县、托克托县、和林格尔县、赛罕区、回民区、清水河县、玉泉区、新城区。

危害部位：全株。

发生面积：7 200 亩。

黑腿星翅蝗 *Calliptamus barbarus*

寄　　主：禾本科、莎草科植物。

草 地 类：温性山地草甸类草原。

分布范围：青海省、甘肃省、内蒙古自治区、宁夏回族自治区等。

发生地点：呼和浩特市武川县。

危害部位：全株。

发生面积：7 200 亩。

1.2.4　剑角蝗科 Acrididae

中华剑角蝗 *Acrida cinerea*

寄　　主：广泛。

草 地 类：温性山地草甸类草原。

分布范围：黑龙江省、北京市、河北省、内蒙古自治区、海南省、贵州省、浙江省、四川省、云南省等。

发生地点：呼和浩特市和林格尔县、赛罕区、回民区、武川县、托克托县、清水河县、玉泉区、土默特左旗、新城区。

危害部位：全株。

发生面积：6 990 亩。

1.2.5　锥头蝗科 Pyrgomorphidae

短额负蝗 *Atractomorpha sinensis*

寄　　主：禾本科植物以及豆类、棉花和蔬菜。

草 地 类：温性山地草甸类草原。

分布范围：东北、华北、西北、华中、华南、西南地区以及台湾省等。

发生地点：呼和浩特市和林格尔县、清水河县。

危害部位：全株。

发生面积：4 300 亩。

1.2.6　癞蝗科 Pamphagidae

笨蝗 *Haplotropis brunneriana*

寄　　主：禾本科单子叶草类（莀草、白草、狗尾草及菅）、双子叶杂草类（尖裂假还阳参、米口袋、地肤及藜）等。

草 地 类：温性山地草甸类草原。

分布范围：北京市、河北省、河南省、内蒙古自治区等。

发生地点：呼和浩特市和林格尔县。

危害部位：全株。

发生面积：1 200 亩。

1.2.7 蚱科 Tetrigoidea

日本蚱 *Tetrix japonica*

寄　　主：番薯、水稻、小麦、甘蔗等作物。

草 地 类：温性山地草甸类草原。

分布范围：全国各地均有分布。

发生地点：呼和浩特市武川县。

危害部位：全株。

发生面积：3 350 亩。

1.2.8 螽斯科 Tettigoniidae

优雅蝈螽 *Gampsocleis gratiosa*

寄　　主：大豆、水稻、烟草、蔬菜、牧草等。

草 地 类：温性山地草甸类草原。

分布范围：全国各地均有分布。

发生地点：呼和浩特市赛罕区。

危害部位：全株。

发生面积：3 350 亩。

中华草螽 *Conocephalus chinensis*

寄　　主：水稻、禾谷类作物、牧草。

草 地 类：温性山地草甸类草原。

分布范围：内蒙古自治区、吉林省、河南省、陕西省、四川省、广西壮族自治区、江苏省、江西省、山东省、甘肃省等。

发生地点：呼和浩特市托克托县。

危害部位：全株。

发生面积：2 400 亩。

1.3 鳞翅目 Lepidoptera

1.3.1 眼蝶科 Satyridae

蛇眼蝶 *Minois dryas*

寄　　主：水稻、芒草。

草 地 类：温性山地草甸类草原。

分布范围：黑龙江省、山东省、河北省、山西省、陕西省、新疆维吾尔自治区、河南省、浙江省、江西省、福建省、内蒙古自治区等。

发生地点：呼和浩特市赛罕区、玉泉区、武川县、托克托县、清水河县、和林格尔县、回民区。

危害部位：叶部。

发生面积：6 600 亩。

白眼蝶 *Melanargia halimede*

寄　　主：水稻、甘蔗、竹。

草 地 类：温性山地草甸类草原。

分布范围：北京市、山西省、内蒙古自治区、陕西省、宁夏回族自治区、浙江省等。

发生地点：呼和浩特市和林格尔县、清水河县。

危害部位：叶部。

发生面积：3 200 亩。

华北白眼蝶 *Melanargia epimede*

寄　　主：水稻、甘蔗、竹。

草 地 类：温性山地草甸类草原。

分布范围：重庆市、陕西省、吉林省、宁夏回族自治区、内蒙古自治区、北京市、河北省等。

发生地点：呼和浩特市清水河县、和林格尔县、玉泉区。

危害部位：叶部。

发生面积：3 200 亩。

仁眼蝶 *Eumenis autonoe*

寄　　主：禾本科植物。

草 地 类：温性山地草甸类草原。

分布范围：陕西省、山西省、甘肃省、黑龙江省、内蒙古自治区等。

发生地点：呼和浩特市和林格尔县、清水河县、玉泉区。

危害部位：叶部。

发生面积：4 200 亩。

牧女珍眼蝶 *Coenonympha amaryllis*

寄　　主：香附子、油莎草等莎草科植物。

草 地 类：温性山地草甸类草原。

分布范围：黑龙江省、辽宁省、吉林省、内蒙古自治区、北京市、山东省、河北省、河南省、浙江省、宁夏回族自治区、陕西省、甘肃省、青海省、新疆维吾尔自治区等。

发生地点：呼和浩特市玉泉区。

危害部位：叶部。

发生面积：4 200 亩。

1.3.2 粉蝶科 Pieridae

斑缘豆粉蝶 *Colias erate*

寄　　主：大豆、苜蓿等植物。

草 地 类：温性山地草甸类草原。

分布范围：东北、华北、华中地区及新疆维吾尔自治区、西藏自治区、江苏省、浙江省、福建省、云南省等。

发生地点：呼和浩特市和林格尔县、赛罕区、玉泉区、托克托县、回民区、武川县、清水河县。

危害部位：叶部。

发生面积：5 200 亩。

黎明豆粉蝶 *Colias heos*

寄　　主：豆科植物。

草 地 类：温性山地草甸类草原。

分布范围：陕西省、甘肃省、四川省、内蒙古自治区等。

发生地点：呼和浩特市和林格尔县。

危害部位：叶部。

发生面积：2 200 亩。

云粉蝶 *Pontia edusa*

寄　　主：萝卜、白菜、甘蓝、油菜、荠菜等十字花科蔬菜及豆科牧草。

草 地 类：温性山地草甸类草原。

分布范围：黑龙江省、吉林省、辽宁省、新疆维吾尔自治区、青海省、陕西省、宁夏回族自治区、内蒙古自治区、河北省、河南省、山西省、山东省、江西省、浙江省、广东省、广西壮族自治区、四川省、贵州省、西藏自治区、甘肃省等。

发生地点：呼和浩特市和林格尔县、玉泉区、回民区、武川县、托克托县、赛罕区、清水河县。

危害部位：叶部。

发生面积：6 750 亩。

菜粉蝶 *Pieris rapae*

寄　　主：各种蔬菜。

草 地 类：温性山地草甸类草原。

分布范围：黑龙江省、吉林省、辽宁省、新疆维吾尔自治区、青海省、陕西省、宁夏回族自治区、内蒙古自治区、河北省、河南省、山西省、山东省、江西省、浙江省、广东省、广西壮族自治区、四川省、贵州省、西藏自治区、甘肃省等。

发生地点：呼和浩特市托克托县、和林格尔县。

危害部位：叶部。

发生面积：3 900 亩。

突角小粉蝶 *Leptidea amurensis*

寄　　主：羽扇豆属植物、山野豌豆。

草 地 类：温性山地草甸类草原。

分布范围：黑龙江省、辽宁省、内蒙古自治区、北京市、河北省、陕西省、山西省、甘肃省、宁夏回族自治区、新疆维吾尔自治区、河南省等。

发生地点：呼和浩特市托克托县。

危害部位：叶部。

发生面积：6 900 亩。

尖钩粉蝶 *Gonepteryx mahaguru*

寄　　主：含羞草、决明等。

草 地 类：温性山地草甸类草原。

分布范围：黑龙江省、吉林省、辽宁省、内蒙古自治区、河北省、浙江省、四川省、北京市等。

发生地点：呼和浩特市清水河县。

危害部位：叶部。

发生面积：6 900 亩。

1. 3. 3　蛱蝶科 Nymphalidae

灿福蛱蝶 *Fabriciana adippe*

寄　　主：堇菜科植物。

草 地 类：温性山地草甸类草原。

分布范围：黑龙江省、吉林省、内蒙古自治区、青海省、宁夏回族自治区、陕西省、河南省、山东省、江苏省、湖北省、江西省、四川省、贵州省、云南省、西藏自治区等。

发生地点：呼和浩特市和林格尔县、赛罕区、托克托县、清水河县。

危害部位：叶部。

发生面积：3 200 亩。

小红蛱蝶 *Vanessa cardui*

寄　　主：堇菜科、忍冬科、杨柳科、桑科、榆科、麻类、大戟科、茜草科等植物。

草 地 类：温性山地草甸类草原。

分布范围：河北省、内蒙古自治区、河南省、陕西省、宁夏回族自治区、甘肃省、青海省、四川省等。

发生地点：呼和浩特市托克托县、赛罕区。

危害部位：叶部。

发生面积：1 930 亩。

重环蛱蝶 *Neptis alwina*

寄　　主：桃、梅、李、杏及草。

草 地 类：温性山地草甸类草原。

分布范围：浙江省、北京市、黑龙江省、内蒙古自治区、宁夏回族自治区、甘肃省、河南省、山东省、陕西省、贵州省、云南省等。

发生地点：呼和浩特市武川县。

危害部位：叶部。

发生面积：1 990 亩。

单环蛱蝶 *Neptis rivularis*

寄　　主：绣线菊。

草 地 类：温性山地草甸类草原。

分布范围：河北省、内蒙古自治区、青海省、陕西省、台湾省等。

发生地点：呼和浩特市和林格尔县。

危害部位：叶部。

发生面积：1 990 亩。

荨麻蛱蝶 *Aglais urticae*

寄　　主：荨麻科植物。

草 地 类：温性山地草甸类草原。

分布范围：北京市、黑龙江省、吉林省、辽宁省、甘肃省、青海省、内蒙古自治区、新疆维吾尔自治区等。

发生地点：呼和浩特市回民区、玉泉区。

危害部位：叶部。

发生面积：1 500 亩。

1.3.4　灰蝶科 Lycaenidae

蓝灰蝶 *Everes argiades*

寄　　主：大豆、豌豆、豇豆、苜蓿、紫云英等豆科植物。

草 地 类：温性山地草甸类草原。

分布范围：黑龙江省、吉林省、内蒙古自治区、陕西省、宁夏回族自治区、河北省、河南省、山东省、浙江省、江西省、福建省、台湾省、海南省、四川省、贵州省、云南省、西藏自治区等。

发生地点：呼和浩特市和林格尔县、赛罕区、托克托县、清水河县、武川县。

危害部位：叶部。

发生面积：5 500 亩。

多眼灰蝶 *Polyommatus eros*

寄　　主：豆科、壳斗科、桑寄生科、蔷薇科、茜草科、景天科等植物。

草 地 类：温性山地草甸类草原。

分布范围：黑龙江省、吉林省、河北省、山东省、河南省、陕西省、宁夏回族自治区、甘肃省、青海省、四川省、西藏自治区、内蒙古自治区等。

发生地点：呼和浩特市和林格尔县、赛罕区、玉泉区、回民区、武川县、托克托县、清水河县。

危害部位：叶部。

发生面积：8 800 亩。

枯灰蝶 *Cupido minimus*

寄　　主：禾本科植物。

草 地 类：温性山地草甸类草原。

分布范围：甘肃省、吉林省、黑龙江省、北京市、内蒙古自治区等。

发生地点：呼和浩特市玉泉区、清水河县。

危害部位：叶部。

发生面积：8 800 亩。

红珠灰蝶 *Lycaeides argyrognomon*

寄　　主：马兜铃科、芸香科、樟科、木兰科等植物。

草 地 类：温性山地草甸类草原。

分布范围：北京市、河北省、河南省、陕西省、内蒙古自治区、新疆维吾尔自治区、甘肃省等。

发生地点：呼和浩特市托克托县。

危害部位：叶部。

发生面积：8 800 亩。

1.3.5　弄蝶科 Hesperiidae

小赭弄蝶 *Ochlodes venata*

寄　　主：禾本科、莎草科植物。

草 地 类：温性山地草甸类草原。

分布范围：北京市、黑龙江省、吉林省、辽宁省、内蒙古自治区、甘肃省、河南省、陕西省等。

发生地点：呼和浩特市和林格尔县。

危害部位：叶部。

发生面积：6 200 亩。

花弄蝶 *Pyrgus maculatus*

寄　　主：绣线菊、草莓、醋栗、黑莓等。

草 地 类：温性山地草甸类草原。

分布范围：北京市、吉林省、黑龙江省、辽宁省、河北省、山东省、山西省、河南省、陕西省、四川省、西藏自治区、云南省、江西省、福建省、内蒙古自治区、青海省等。

发生地点：呼和浩特市和林格尔县。

危害部位：叶部。

发生面积：6 200 亩。

1.3.6　毒蛾科 Lymantriidae

舞毒蛾 *Lymantria dispar*

寄　　主：苹果、柿、梨、桃、杏、樱桃、栗、橡、杨、柳、桑、榆、落叶松、樟子松、栎、李、桦、山楂、槭、椴、云杉、马尾松、云南松、油松、华山松、红松等500多种植物。

草 地 类：温性山地草甸类草原。

分布范围：东北、华北、华中、西北等地区。

发生地点：呼和浩特市和林格尔县、托克托县。

危害部位：叶部。

发生面积：2 200 亩。

柳毒蛾 *Stilpnotia salicis*

寄　　主：棉花、茶树、杨、柳、栎、栗、樱桃、梨、梅、杏、桃等。

草 地 类：温性山地草甸类草原。

分布范围：黑龙江省、内蒙古自治区、新疆维吾尔自治区、浙江省、江西省、湖南省、贵州省、云南省等。

发生地点：呼和浩特市武川县、和林格尔县、托克托县、清水河县。

危害部位：叶部。

发生面积：4 200 亩。

1.3.7　枯叶蛾科 Lasiocampidae

苹枯叶蛾 *Odonestis pruni*

寄　　主：苹果、梨、桃、李、梅、樱桃及其他蔷薇科植物。

草 地 类：温性山地草甸类草原。

分布范围：黑龙江省、内蒙古自治区、福建省、广东省、广西壮族自治区、云南省、宁夏回族自治区、甘肃省、青海省、四川省等。

发生地点：呼和浩特市和林格尔县。

危害部位：叶部。

发生面积：1 330 亩。

天幕毛虫 *Malacosoma* sp.

寄　　主：梨、苹果、海棠、花红、桃、李、杏、樱桃、榅桲、梅、杨、榆、柳、栎。

草 地 类：温性山地草甸类草原。

分布范围：东北、华北等地区。

发生地点：呼和浩特市托克托县、赛罕区。

危害部位：叶部。

发生面积：1 330 亩。

1.3.8 天蛾科 Sphingidae

黄脉天蛾 *Amorpha amurensis*

寄　　主：小叶杨、山杨、桦、椴。

草 地 类：温性山地草甸类草原。

分布范围：东北、华北、华西地区及新疆维吾尔自治区等。

发生地点：呼和浩特市和林格尔县、回民区、武川县、清水河县、托克托县。

危害部位：叶部。

发生面积：5 200 亩。

1.3.9 木蠹蛾科 Cossidae

芳香木蠹蛾 *Cossus cossus*

寄　　主：杨、柳、榆、槐、白蜡、栎、核桃、苹果、香椿、梨等。

草 地 类：温性山地草甸类草原。

分布范围：上海市、山东省及东北、华北、西北等地区。

发生地点：呼和浩特市清水河县。

危害部位：叶部。

发生面积：5 200 亩。

1.3.10 尺蛾科 Geometridae

蝶青尺蛾 *Geometra papilionaria*

寄　　主：丁香、杨、水曲柳、椴。

草 地 类：温性山地草甸类草原。

分布范围：湖北省、黑龙江省、北京市、内蒙古自治区、吉林省等。

发生地点：呼和浩特市和林格尔县、托克托县、武川县、玉泉区、清水河县。

危害部位：叶部。

发生面积：4 200 亩。

双斜线尺蛾 *Conchia mundataria*

寄　　主：栎、杨。

草 地 类：温性山地草甸类草原。

分布范围：辽宁省、吉林省、黑龙江省、内蒙古自治区、河北省、北京市、湖北省、江西省、江苏省、陕西省、山东省等。

发生地点：呼和浩特市和林格尔县。

危害部位：叶部。

发生面积：1 900 亩。

桦尺蛾 *Biston betularia*

寄　　主：桦。

草 地 类：温性山地草甸类草原。

分布范围：辽宁省、吉林省、黑龙江省、内蒙古自治区、河北省、北京市等。

发生地点：呼和浩特市和林格尔县。

危害部位：叶部。

发生面积：1 900 亩。

醋栗金星尺蛾 *Abraxas grossudariata*

寄　　主：柳、榛。

草 地 类：温性山地草甸类草原。

分布范围：内蒙古自治区、黑龙江省、辽宁省、吉林省、山西省、浙江省、湖北省、湖南省、四川省等。

发生地点：呼和浩特市和林格尔县。

危害部位：叶部。

发生面积：1 900 亩。

黑岛尺蛾 *Melanthia procellata*

寄　　主：冷杉、云杉。

草 地 类：温性山地草甸类草原。

分布范围：北京市、内蒙古自治区、黑龙江省、辽宁省、吉林省、山西省、浙江省、台湾省、湖北省、湖南省、四川省等。

发生地点：呼和浩特市和林格尔县。

危害部位：叶部。

发生面积：1 900 亩。

1.3.11　夜蛾科 Noctuidae

裳夜蛾 *Catocala nupta*

寄　　主：杨、柳。

草 地 类：温性山地草甸类草原。

分布范围：河北省、黑龙江省、新疆维吾尔自治区、内蒙古自治区等。

发生地点：呼和浩特市和林格尔县、赛罕区、武川县、托克托县。

危害部位：叶部。

发生面积：4 200 亩。

黄地老虎 *Agrotis segetum*

寄　　主：各种农作物、牧草及草坪草。

草 地 类：温性山地草甸类草原。

分布范围：新疆维吾尔自治区、河南省、河北省、北京市、内蒙古自治区、甘肃省、青海省等。

发生地点：呼和浩特市和林格尔县。

危害部位：叶部。

发生面积：6 200 亩。

1.3.12　灯蛾科 Arctiidae

白昌灯蛾 *Spilosoma niveus*

寄　　主：大豆、车前、蒲公英、苹果、高粱、麦、稷、海棠、山荆子等。

草 地 类：温性山地草甸类草原。

分布范围：黑龙江省、吉林省、辽宁省、内蒙古自治区、河北省、陕西省、山东省、河南省等。

发生地点：呼和浩特市和林格尔县、托克托县。

危害部位：叶部。

发生面积：4 200 亩。

1.3.13　螟蛾科 Pyralidae

草地螟 *Loxostege sticticatis*

寄　　主：甜菜、大豆、向日葵、高粱、豌豆、扁豆、甘蓝、马铃薯及瓜类等。

草 地 类：温性山地草甸类草原。

分布范围：吉林省、内蒙古自治区、黑龙江省、宁夏回族自治区、甘肃省、青海省、河北省、山西省、陕西省、江苏省等。

发生地点：呼和浩特市赛罕区、回民区。

危害部位：叶部。

发生面积：4 200 亩。

1.3.14 卷蛾科 Tortricidae

菊花小卷蛾 *Eucosma campoliliana*

寄　　主：狗舌草属植物。

草 地 类：温性山地草甸类草原。

分布范围：黑龙江省、内蒙古自治区、宁夏回族自治区、陕西省、山西省、河北省等。

发生地点：呼和浩特市赛罕区。

危害部位：叶部。

发生面积：4 200 亩。

1.4 半翅目 Hemiptera

1.4.1 盲蝽科 Miridae

三点苜蓿盲蝽 *Adelphocoris fasciaticollis*

寄　　主：棉花、马铃薯、大豆、小麦、蓖麻等作物。

草 地 类：温性山地草甸类草原。

分布范围：河北省、山西省、内蒙古自治区、辽宁省、黑龙江省、江苏省、安徽省、山东省、四川省、陕西省等。

发生地点：呼和浩特市回民区、清水河县、托克托县。

危害部位：叶部、根部、茎部。

发生面积：3 400 亩。

苜蓿盲蝽 *Adelphocoris lineolatus*

寄　　主：苜蓿、草木樨、马铃薯、棉花等作物。

草 地 类：温性山地草甸类草原。

分布范围：北京市、天津市、河北省、山西省、内蒙古自治区、辽宁省、吉林省、黑龙江省等。

发生地点：呼和浩特市和林格尔县、托克托县、回民区。

危害部位：叶部、根部、茎部。

发生面积：3 400 亩。

绿盲蝽 *Apolygus lucorum*

寄　　主：棉花、桑、麻类、豆类、玉米、马铃薯、瓜类、苜蓿、蒿类、十字花科蔬菜等。

草 地 类：温性山地草甸类草原。

分布范围：江苏省、上海市、福建省、河南省、黑龙江省、内蒙古自治区、宁夏回族自治区等。

发生地点：呼和浩特市赛罕区、和林格尔县、武川县。

危害部位：叶部、根部、茎部。

发生面积：3 400 亩。

1.4.2 蝽科 Pentatomidae

尖头麦蝽 *Aelia acuminata*

寄　　主：麦类作物及水稻、苜蓿等。

草 地 类：温性山地草甸类草原。

分布范围：新疆维吾尔自治区、陕西省、甘肃省、内蒙古自治区、宁夏回族自治区等。

发生地点：呼和浩特市武川县。

危害部位：叶部、根部、茎部。

发生面积：2 000 亩。

二星蝽 *Eysacoris guttiger*

寄　　主：麦类作物及水稻、棉花、大豆、高粱、玉米、甘薯、茄、桑、无花果等。

草 地 类：温性山地草甸类草原。

分布范围：黑龙江省、海南省、广东省、广西壮族自治区、云南省、内蒙古自治区、宁夏回族自治区、甘肃省、四川省、西藏自治区等。

发生地点：呼和浩特市清水河县。

危害部位：叶部、根部、茎部。

发生面积：2 200 亩。

横纹菜蝽 *Eurydema gebleri*

寄　　主：甘蓝、紫甘蓝、西兰花、花椰菜、白菜、萝卜、樱桃萝卜、油菜、芥菜、板蓝根、白屈菜等。

草 地 类：温性山地草甸类草原。

分布范围：黑龙江省、吉林省、辽宁省、内蒙古自治区、甘肃省、新疆维吾尔自治区、河北省、陕西省、山东省、江苏省、安徽省、湖北省、四川省、贵州省、云南省、西藏自治区等。

发生地点：呼和浩特市和林格尔县、赛罕区、武川县、托克托县、清水河县。

危害部位：叶部、根部、茎部。

发生面积：5 200 亩。

菜蝽 ***Eurydema dominulus***

寄　　主：甘蓝、花椰菜、白菜、萝卜、油菜、芥菜等十字花科蔬菜。

草 地 类：温性山地草甸类草原。

分布范围：黑龙江省、台湾省、海南省、广东省、广西壮族自治区、云南省、内蒙古自治区、宁夏回族自治区、甘肃省、四川省、西藏自治区等。

发生地点：呼和浩特市武川县、托克托县。

危害部位：叶部、根部、茎部。

发生面积：2 200 亩。

紫翅果蝽 ***Carpocoris purpureipennis***

寄　　主：枣、沙枣、苹果、梨、枸杞、白刺、马铃薯、胡萝卜、萝卜、甘草、小麦等。

草 地 类：温性山地草甸类草原。

分布范围：陕西省、山西省、吉林省、黑龙江省、内蒙古自治区等。

发生地点：呼和浩特市和林格尔县、赛罕区。

危害部位：叶部、根部、茎部。

发生面积：1 890 亩。

斑须蝽 ***Dolycoris baccarum***

寄　　主：麦类、麻类作物及水稻、大豆、玉米、粟、甜菜、苜蓿等。

草 地 类：温性山地草甸类草原。

分布范围：黑龙江省、台湾省、海南省、广东省、广西壮族自治区、云南省、内蒙古自治区、宁夏回族自治区、甘肃省、四川省、西藏自治区等。

发生地点：呼和浩特市托克托县。

危害部位：叶部、根部、茎部。

发生面积：2 200 亩。

珠蝽 ***Rubiconia intermedia***

寄　　主：麦类、豆类作物及水稻、苹果、枣、柳叶菜、水芹等。

草 地 类：温性山地草甸类草原。

分布范围：湖南省、黑龙江省、吉林省、辽宁省、内蒙古自治区、宁夏回族自治区、甘肃省、广东省、广西壮族自治区、贵州省等。

发生地点：呼和浩特市和林格尔县、赛罕区。

危害部位：叶部、根部、茎部。

发生面积：1 790 亩。

赤条蝽 *Graphosoma rubrolineata*

寄　　主：胡萝卜、茴香等伞形花科植物及萝卜、白菜、洋葱、葱等蔬菜，也可危害栎、榆、黄檗等。

草 地 类：温性山地草甸类草原。

分布范围：东北、华北、西北、华东、华南及西南等地区。

发生地点：呼和浩特市清水河县。

危害部位：叶部、根部、茎部。

发生面积：1 790 亩。

1.4.3　缘蝽科 Coreidae

亚姬缘蝽 *Corizus albomarginatus*

寄　　主：小麦、苜蓿、铁杆蒿、蒲公英、鸦葱。

草 地 类：温性山地草甸类草原。

分布范围：内蒙古自治区、山西省、黑龙江省、贵州省等。

发生地点：呼和浩特市托克托县、清水河县、玉泉区。

危害部位：叶部、根部、茎部。

发生面积：2 430 亩。

1.4.4　长蝽科 Lygaeidae

横带红长蝽 *Lygaeus equestris*

寄　　主：瓜类蔬菜等。

草 地 类：温性山地草甸类草原。

分布范围：北京市、天津市、江苏省、河南省、浙江省、江西省、广东省、广西壮族自治区、四川省、云南省等。

发生地点：呼和浩特市和林格尔县、赛罕区。

危害部位：叶部、根部、茎部。

发生面积：2 200 亩。

小长蝽 *Nysius ericae*

寄　　主：油茶、桑、松、菊花等。

草 地 类：温性山地草甸类草原。

分布范围：北京市、天津市、河北省、河南省、四川省、陕西省、内蒙古自治区、西藏自治区等。

发生地点：呼和浩特市赛罕区、武川县、托克托县。

危害部位：叶部、根部、茎部。

发生面积：1 900 亩。

1.4.5 红蝽科 Pyrrhocoridae

地红蝽 *Pyrrhocoris tibialis*

寄　　主：冬葵、禾本科杂草。

草 地 类：温性山地草甸类草原。

分布范围：宁夏回族自治区、北京市、河北省、内蒙古自治区、辽宁省、上海市、江苏省、浙江省、山东省、甘肃省等。

发生地点：呼和浩特市和林格尔县、玉泉区、武川县。

危害部位：叶部、根部、茎部。

发生面积：5 600 亩。

先地红蝽 *Pyrrhocoris sibiricus*

寄　　主：禾本科植物、杂草。

草 地 类：温性山地草甸类草原。

分布范围：湖南省、北京市、天津市、青海省、四川省、内蒙古自治区等。

发生地点：呼和浩特市玉泉区。

危害部位：叶部、根部、茎部。

发生面积：5 600 亩。

1.4.6 姬缘蝽科 Rhopalidae

离缘蝽 *Chorosoma brevicolle*

寄　　主：豆科和禾本科植物。

草 地 类：温性山地草甸类草原。

分布范围：全国各地均有分布。

发生地点：呼和浩特市玉泉区。

危害部位：叶部、根部、茎部。

发生面积：1 900 亩。

细纹离缘蝽 *Chorosoma gracilis*

寄　　主：柑橘、合欢、紫荆花、茄科及豆科植物。

草 地 类：温性山地草甸类草原。

分布范围：河北省、北京市、甘肃省、浙江省、江西省、湖北省、内蒙古自治区、广东省、海南省、云南省等。

发生地点：呼和浩特市玉泉区。

危害部位：叶部、根部、茎部。

发生面积：1 900 亩。

1.5 鞘翅目 Coleoptera

1.5.1 芫菁科 Meloidae

绿芫菁 *Lytta caraganae*

寄　　主：豆类、苜蓿、黄芪、柠条锦鸡儿、槐等。

草 地 类：温性山地草甸类草原。

分布范围：北京市、内蒙古自治区、黑龙江省、辽宁省、吉林省、河北省、浙江省等。

发生地点：呼和浩特市和林格尔县、赛罕区、玉泉区、回民区、武川县、托克托县、清水河县。

危害部位：叶部、根部、茎部。

发生面积：9 930 亩。

中华芫菁 *Epicauta chinensis*

寄　　主：蕨类植物。

草 地 类：温性山地草甸类草原。

分布范围：宁夏回族自治区、北京市、天津市、河北省、山西省、内蒙古自治区、吉林省、黑龙江省等。

发生地点：呼和浩特市武川县、托克托县。

危害部位：叶部、根部、茎部。

发生面积：5 990 亩。

苹斑芫菁 *Mylabris calida*

寄　　主：棉花等作物。

草 地 类：温性山地草甸类草原。

分布范围：湖北省、江苏省、山东省、河北省、内蒙古自治区、新疆维吾尔自治区、黑龙江省等。

发生地点：呼和浩特市和林格尔县、武川县、托克托县、清水河县、赛罕区、玉泉区、回民区。

危害部位：叶部、根部、茎部。

发生面积：8 300 亩。

腋斑芫菁 *Mylabris axillaris*

寄　　主：棉花等作物。

草 地 类：温性山地草甸类草原。

分布范围：内蒙古自治区、新疆维吾尔自治区、河北省、北京市、江苏省、湖北省、黑龙江省等。

发生地点：呼和浩特市和林格尔县、赛罕区、玉泉区、回民区、武川县、托克托县、清水河县。

危害部位：叶部、根部、茎部。

发生面积：6 700 亩。

豆芫菁 *Epicauta gorhami*

寄　　主：大豆、花生、棉花、马铃薯、甜菜、麻、番茄、苋菜、蕹菜等。

草 地 类：温性山地草甸类草原。

分布范围：内蒙古自治区、新疆维吾尔自治区、河北省、北京市、江苏省、湖北省、黑龙江省、吉林省、辽宁省等。

发生地点：呼和浩特市和林格尔县、玉泉区。

危害部位：叶部、根部、茎部。

发生面积：6 700 亩。

丽斑芫菁 *Mylabris speciosa*

寄　　主：黄芪、芍药、甜菜及豆类、十字花科蔬菜。

草 地 类：温性山地草甸类草原。

分布范围：黑龙江省、吉林省、辽宁省、内蒙古自治区、天津市、宁夏回族自治区、甘肃省、青海省、新疆维吾尔自治区、江西省等。

发生地点：呼和浩特市武川县、托克托县、清水河县。

危害部位：叶部、根部、茎部。

发生面积：8 900 亩。

1.5.2　虎甲科 Cicindelidae

多型虎甲红翅亚种 *Cicindela hybrida*

寄　　主：棉花等作物。

草 地 类：温性山地草甸类草原。

分布范围：福建省、黑龙江省、吉林省、辽宁省、内蒙古自治区、青海省、新疆维吾尔自治区、河北省、山西省、山东省、江苏省、安徽省等。

发生地点：呼和浩特市和林格尔县、清水河县。

危害部位：根部。

发生面积：4 200 亩。

1.5.3 叶甲科 Chrysomelidae

黑足黑守瓜 *Aulacophora nigripennis*

寄　　主：栝楼、苦瓜、丝瓜、黄瓜、南瓜、冬瓜、罗汉果等。

草 地 类：温性山地草甸类草原。

分布范围：陕西省、山东省、江苏省、河北省、黑龙江省、内蒙古自治区、甘肃省等。

发生地点：呼和浩特市托克托县、赛罕区、和林格尔县、清水河县、玉泉区、回民区、武川县。

危害部位：叶部。

发生面积：6 320 亩。

双斑长跗萤叶甲 *Monolepta hieroglyphica*

寄　　主：豆类、苜蓿、玉米、茼蒿、胡萝卜、向日葵、杏、苹果等作物。

草 地 类：温性山地草甸类草原。

分布范围：江苏省、浙江省、湖北省、江西省、内蒙古自治区、宁夏回族自治区、甘肃省、陕西省、四川省、云南省、贵州省等。

发生地点：呼和浩特市武川县、清水河县。

危害部位：叶部。

发生面积：6 900 亩。

榆绿毛萤叶甲 *Pyrrhalta aenescens*

寄　　主：榆。

草 地 类：温性山地草甸类草原。

分布范围：内蒙古自治区、河北省、河南省、山西省、山东省、江苏省、吉林省、黑龙江省等。

发生地点：呼和浩特市和林格尔县。

危害部位：叶部。

发生面积：6 900 亩。

褐背小萤叶甲 *Galerucella grisescens*

寄　　主：蓼属、酸模属、珍珠梅属等植物。

草 地 类：温性山地草甸类草原。

分布范围：甘肃省、江苏省、湖北省、四川省、贵州省、黑龙江省、内蒙古自治区、河北省、陕西省等。

发生地点：呼和浩特市武川县、清水河县。

危害部位：叶部。

发生面积：6 900 亩。

柳蓝叶甲 *Plagiodera versicolora*

寄　　主：玉米、大豆、棉花、桑、各种柳。

草 地 类：温性山地草甸类草原。

分布范围：黑龙江省、吉林省、辽宁省、内蒙古自治区、甘肃省、宁夏回族自治区、河北省、山西省、陕西省、山东省等。

发生地点：呼和浩特市玉泉区。

危害部位：叶部。

发生面积：6 900 亩。

阔胫萤叶甲 *Pallasiola absinthii*

寄　　主：麦类及禾本科杂草。

草 地 类：温性山地草甸类草原。

分布范围：青海省、四川省、西藏自治区、内蒙古自治区、宁夏回族自治区、山西省等。

发生地点：呼和浩特市武川县、清水河县、回民区。

危害部位：叶部。

发生面积：6 900 亩。

1.5.4　肖叶甲科 Eumolpidae

中华萝藦肖叶甲 *Chrysochus chinensis*

寄　　主：蕹菜、地梢瓜、曼陀罗、鹅绒藤、戟叶鹅绒藤及黄芪属、罗布麻属植物。

草 地 类：温性山地草甸类草原。

分布范围：黑龙江省、吉林省、辽宁省、内蒙古自治区、甘肃省、青海省、河北省、山西省、陕西省、山东省、河南省、江苏省、浙江省、江西省等。

发生地点：呼和浩特市和林格尔县、回民区、玉泉区、托克托县、赛罕区、清水河县、武川县。

危害部位：叶部、根部、茎部。

发生面积：4 200 亩。

1.5.5 天牛科 Cerambycidae

多带天牛 *Polyzonus fasciatus*

寄　　主：杨、柳、刺槐、侧柏、麻栎、玫瑰等。

草 地 类：温性山地草甸类草原。

分布范围：北京市、内蒙古自治区、黑龙江省、吉林省、辽宁省、河北省、河南省等。

发生地点：呼和浩特市和林格尔县、回民区。

危害部位：叶部、根部、茎部。

发生面积：2 200 亩。

麻斑草天牛 *Eodorcadion impluviatum*

寄　　主：披碱草。

草 地 类：温性山地草甸类草原。

分布范围：内蒙古自治区、河北省、北京市、黑龙江省、吉林省等。

发生地点：呼和浩特市托克托县、清水河县、赛罕区、武川县。

危害部位：叶部、根部、茎部。

发生面积：3 600 亩。

1.5.6 金龟科 Scarabaeidae

白星花金龟 *Protaetia brevitarsis*

寄　　主：粮食、水果、蔬菜等经济作物。

草 地 类：温性山地草甸类草原。

分布范围：黑龙江省、吉林省、辽宁省、内蒙古自治区、河北省、陕西省、山西省、山东省、河南省、安徽省、江苏省、浙江省、四川省、湖北省、江西省、湖南省、广西壮族自治区、贵州省、福建省、新疆维吾尔自治区等。

发生地点：呼和浩特市赛罕区。

危害部位：叶部、根部、茎部。

发生面积：2 200 亩。

1.5.7　丽金龟科 Rutelidae

粗绿彩丽金龟 *Mimela holosericea*

寄　　主：葡萄、苹果。

草 地 类：温性山地草甸类草原。

分布范围：黑龙江省、吉林省、辽宁省、内蒙古自治区、河北省、青海省等。

发生地点：呼和浩特市清水河县。

危害部位：叶部、根部、茎部。

发生面积：3 200 亩。

1.5.8　鳃金龟科 Melolonthidae

华北大黑鳃金龟 *Holotrichia oblita*

寄　　主：杨、柳、榆、桑、核桃、苹果、刺槐、栎等多种树。

草 地 类：温性山地草甸类草原。

分布范围：东北、华北、西北等地区。

发生地点：呼和浩特市和林格尔县、清水河县、赛罕区、武川县、回民区、玉泉区、托克托县。

危害部位：叶部、根部、茎部。

发生面积：6 200 亩。

1.5.9　郭公虫科 Cleridae

中华食蜂郭公虫 *Trichodes sinae*

寄　　主：蔷薇科、菊科、忍冬科等灌木和草本植物。

草 地 类：温性山地草甸类草原。

分布范围：辽宁省、吉林省、黑龙江省、内蒙古自治区、新疆维吾尔自治区、福建省、青海省、四川省、云南省、湖南省、山东省、江苏省、北京市、江西省、浙江省等。

发生地点：呼和浩特市玉泉区、托克托县。

危害部位：叶部、根部、茎部。

发生面积：2 390 亩。

1.5.10　拟步甲科 Tenebrionidae

拟步甲 *Tenebrio* sp.

寄　　主：干燥腐败的植物或动物组织。

草 地 类：温性山地草甸类草原。

分布范围：内蒙古自治区、北京市、黑龙江省、吉林省、辽宁省、山西省、陕西省、宁夏回族自治区、甘肃省、青海省、四川省等。

发生地点：呼和浩特市和林格尔县、武川县、托克托县。

危害部位：叶部、根部、茎部。

发生面积：5 600 亩。

1.5.11 步甲科 Carabidae

婪步甲 *Harpalus* sp.

寄　　主：小麦、大麦、燕麦及黍科植物的种子。

草 地 类：温性山地草甸类草原。

分布范围：内蒙古自治区、河北省、河南省、江苏省、安徽省、浙江省、江西省、福建省、湖北省、四川省、贵州省等。

发生地点：呼和浩特市武川县。

危害部位：叶部、根部、茎部。

发生面积：3 200 亩。

1.5.12 象甲科 Curculionidae

西伯利亚绿象 *Chlorophanus sibiricus*

寄　　主：苹果、杨、柳。

草 地 类：温性山地草甸类草原。

分布范围：内蒙古自治区、北京市、黑龙江省、吉林省、辽宁省、山西省、陕西省、宁夏回族自治区、甘肃省、青海省等。

发生地点：呼和浩特市和林格尔县、托克托县、武川县、赛罕区、清水河县。

危害部位：叶部、根部、茎部。

发生面积：4 900 亩。

大灰象甲 *Sympiezomias velatus*

寄　　主：烟草、玉米、花生、马铃薯、辣椒、甜菜、瓜类、豆类、苹果、梨等。

草 地 类：温性山地草甸类草原。

分布范围：福建省、北京市、河北省、内蒙古自治区、黑龙江省等。

发生地点：呼和浩特市赛罕区。

危害部位：叶部、根部、茎部。

发生面积：4 200 亩。

1.5.13　瓢虫科 Coccinellidae

七星瓢虫 *Coccinella septempunctata*

寄　　主：棉花、柳、槐、榆及豆类植物等。

草 地 类：温性山地草甸类草原。

分布范围：全国各地均有分布。

发生地点：呼和浩特市和林格尔县、赛罕区、玉泉区、回民区、武川县、托克托县、清水河县。

危害部位：叶部、根部、茎部。

发生面积：4 200 亩。

多异瓢虫 *Hippodamia variegata*

寄　　主：棉蚜、麦蚜、豆蚜、玉米蚜，多见于棉花、小麦、豇豆、玉米等作物。

草 地 类：温性山地草甸类草原。

分布范围：吉林省、辽宁省、新疆维吾尔自治区、内蒙古自治区、陕西省、甘肃省、宁夏回族自治区、北京市、河北省、河南省、山东省、山西省、四川省、福建省、云南省、西藏自治区等。

发生地点：呼和浩特市和林格尔县、武川县。

危害部位：叶部、根部、茎部。

发生面积：4 200 亩。

龟纹瓢虫 *Propylaea japonica*

寄　　主：棉花、芋、豆类等作物。

草 地 类：温性山地草甸类草原。

分布范围：黑龙江省、吉林省、辽宁省、新疆维吾尔自治区、甘肃省、宁夏回族自治区、北京市、河北省、河南省、陕西省、山东省、湖北省、江苏省、上海市、浙江省、湖南省、四川省、福建省、广东省、广西壮族自治区、贵州省、云南省等。

发生地点：呼和浩特市武川县、清水河县。

危害部位：叶部、根部、茎部。

发生面积：2 800 亩。

1.6 同翅目 Homoptera

1.6.1 叶蝉科 Cicadellidae

大青叶蝉 *Cicadella viridis*

寄　　主：大豆、马铃薯等。

草 地 类：温性山地草甸类草原。

分布范围：黑龙江省、吉林省、辽宁省、内蒙古自治区、河北省、河南省、山东省、江苏省、浙江省、安徽省、江西省、台湾省、福建省、湖北省、湖南省、广东省、海南省、贵州省、四川省、陕西省、甘肃省、宁夏回族自治区、青海省、新疆维吾尔自治区等。

发生地点：呼和浩特市和林格尔县、玉泉区、托克托县。

危害部位：叶部。

发生面积：7 200 亩。

1.6.2 沫蝉科 Cercopidae

柳尖胸沫蝉 *Aphrophora costalis*

寄　　主：柳、小叶杨、榆、沙棘、苹果及紫花苜蓿、鹅冠草、茵陈蒿、硬质早熟禾等。

草 地 类：温性山地草甸类草原。

分布范围：新疆维吾尔自治区、青海省、甘肃省、内蒙古自治区、陕西省、河北省、吉林省、黑龙江省等。

发生地点：呼和浩特市和林格尔县。

危害部位：叶部。

发生面积：7 200 亩。

1.6.3 象蜡蝉科 Dictyopharidae

中华象蜡蝉 *Dictyophara sinica*

寄　　主：桑、柑桔、香樟、桉、蜡梅、菊花、水稻、玉米、高粱、甘蔗。

草 地 类：温性山地草甸类草原。

分布范围：陕西省、重庆市、四川省、浙江省、广东省、内蒙古自治区、宁夏回族自治区等。

发生地点：呼和浩特市和林格尔县、赛罕区、托克托县。

危害部位：叶部、根部、茎部。

发生面积：5 990 亩。

1.7　双翅目 Diptera

1.7.1　大蚊科 Tipulidae

大蚊 *Tipulidae* sp.

寄　　主：谷类和牧草。

草 地 类：温性山地草甸类草原。

分布范围：全国各地均有分布，尤其是南方地区。

发生地点：呼和浩特市和林格尔县、武川县。

危害部位：全株。

发生面积：4 200 亩。

1.8　膜翅目 Hymenoptera

1.8.1　胡蜂科 Vespidae

普通黄胡蜂 *Vespula vulgaris*

寄　　主：多种昆虫。在果实成熟时，会啃食果实。

草 地 类：温性山地草甸类草原。

分布范围：吉林省、新疆维吾尔自治区、甘肃省、内蒙古自治区、宁夏回族自治区等。

发生地点：呼和浩特市和林格尔县、托克托县。

危害部位：果实。

发生面积：4 200 亩。

1.8.2　蜜蜂科 Apidae

熊蜂 *Bombus* sp.

寄　　主：豆科、茄科植物。

草 地 类：温性山地草甸类草原。

分布范围：北京市、内蒙古自治区、黑龙江省、吉林省、河北省、四川省、新疆维吾尔自治区等。

发生地点：呼和浩特市赛罕区。

危害部位：叶部、根部、茎部。

发生面积：4 200 亩。

1.9 蜉蝣目 Ephemeroptera

1.9.1 蜉蝣科 Ephemeridae

蜉蝣 *Ephemera* sp.

寄　　主：植物、藻类或泥土。

草 地 类：温性山地草甸类草原。

分布范围：内蒙古自治区、河北省、福建省、河南省、山西省、陕西省、天津市等。

发生地点：呼和浩特市玉泉区。

危害部位：叶部、根部、茎部。

发生面积：4 200 亩。

第 2 篇　植物界 Plantae

植物类 Plants

2.1　蔷薇目 Rosales

2.1.1　豆科 Fabaceae

斜茎黄芪 *Astragalus adsurgens*

草 地 类：温性山地草甸类草原。

分布范围：东北、华北、西北、西南等地区。

发生地点：呼和浩特市回民区、赛罕区、托克托县、和林格尔县、清水河县、玉泉区。

危害方式：侵占。

发生面积：7 260 亩。

高山黄华 *Thermopsis alpina*

草 地 类：温性山地草甸类草原。

分布范围：内蒙古自治区、河北省、山西省、陕西省、宁夏回族自治区、甘肃省等。

发生地点：呼和浩特市回民区、玉泉区、赛罕区、和林格尔县、武川县、清水河县。

危害方式：侵占。

发生面积：6 360 亩。

苜蓿 *Medicago sativa*

草 地 类：温性山地草甸类草原。

分布范围：全国各地均有分布。

发生地点：呼和浩特市玉泉区、托克托县、和林格尔县、清水河县、赛罕区。

危害方式：侵占。

发生面积：5 460 亩。

苦马豆 *Sphaerophysa salsula*

草 地 类：温性山地草甸类草原。

分布范围：吉林省、辽宁省、内蒙古自治区、河北省、山西省、陕西省、宁夏回族自治区、甘肃省、青海省、新疆维吾尔自治区等。

发生地点：呼和浩特市和林格尔县。

危害方式：侵占。

发生面积：3 260 亩。

达乌里黄芪 *Astragalus dahuricus*

草 地 类：温性山地草甸类草原。

分布范围：东北、华北、西北地区及山东省、河南省、四川省等。

发生地点：呼和浩特市和林格尔县。

危害方式：侵占。

发生面积：3 260 亩。

草木樨 *Melilotus officinalis*

草 地 类：温性山地草甸类草原。

分布范围：东北、华南、西南等地区。

发生地点：呼和浩特市和林格尔县。

危害方式：侵占。

发生面积：3 260 亩。

砂珍棘豆 *Oxytropis racemosa*

草 地 类：温性山地草甸类草原。

分布范围：东北、华北地区及内蒙古自治区、陕西省、甘肃省、宁夏回族自治区等。

发生地点：呼和浩特市清水河县。

危害方式：侵占。

发生面积：2 260 亩。

2.1.2 荨麻科 Urticaceae

狭叶荨麻 *Urtica angustifolia*

草 地 类：温性山地草甸类草原。

分布范围：黑龙江省、吉林省、辽宁省、内蒙古自治区、山东省、河北省、山西省等。

发生地点：呼和浩特市清水河县、武川县。

危害方式：侵占。

发生面积：5 260 亩。

2.1.3 蔷薇科 Rosaceae

委陵菜 *Potentilla chinensis*

草 地 类：温性山地草甸类草原。

分布范围：全国各地均有分布。

发生地点：呼和浩特市回民区、武川县。

危害方式：侵占。

发生面积：6 850 亩。

2.2 桔梗目 Campanulales

2.2.1 菊科 Asteraceae

飞廉 *Carduus nutans*

草 地 类：温性山地草甸类草原。

分布范围：陕西省、黑龙江省、北京市、内蒙古自治区、吉林省、河北省、新疆维吾尔自治区、山西省、辽宁省、青海省等。

发生地点：呼和浩特市玉泉区、武川县、清水河县、回民区、和林格尔县。

危害方式：侵占。

发生面积：8 800 亩。

草地风毛菊 *Saussurea amara*

草 地 类：温性山地草甸类草原。

分布范围：陕西省、黑龙江省、北京市、内蒙古自治区、吉林省、河北省、新疆维吾尔自治区、山西省、辽宁省、青海省等。

发生地点：呼和浩特市玉泉区、赛罕区、和林格尔县、武川县、清水河县。

危害方式：侵占。

发生面积：8 800 亩。

苍耳 *Xanthium strumarium*

草 地 类：温性山地草甸类草原。

分布范围：全国各地均有分布。

发生地点：呼和浩特市赛罕区、托克托县、和林格尔县、清水河县、新城区、土默特左旗。

危害方式：侵占。

发生面积：9 800 亩。

欧亚蓝刺头 *Echinops sphaerocephalus*

草 地 类：温性山地草甸类草原。

分布范围：新疆维吾尔自治区、内蒙古自治区、宁夏回族自治区、陕西省、山西省、山东省等。

发生地点：呼和浩特市赛罕区、和林格尔县、武川县、清水河县、新城区。

危害方式：侵占。

发生面积：6 500 亩。

砂蓝刺头 *Echinops gmelini*

草 地 类：温性山地草甸类草原。

分布范围：黑龙江省、吉林省、辽宁省、内蒙古自治区等。

发生地点：呼和浩特市赛罕区、和林格尔县、武川县、清水河县。

危害方式：侵占。

发生面积：6 500 亩。

狗娃花 *Aster hispidus*

草 地 类：温性山地草甸类草原。

分布范围：华北、西北及东北等地区。

发生地点：呼和浩特市武川县。

危害方式：侵占。

发生面积：6 500 亩。

阿尔泰狗娃花 *Aster altaicus*

草 地 类：温性山地草甸类草原。

分布范围：中北、中南、东南地区及内蒙古自治区、台湾省、西藏自治区、青海省、新疆维吾尔自治区等。

发生地点：呼和浩特市回民区。

危害方式：侵占。

发生面积：6 500 亩。

飞蓬 *Erigeron acris*

草 地 类：温性山地草甸类草原。

分布范围：北京市、内蒙古自治区、河北省、山西省、陕西省、甘肃省、宁夏回族自治区、青海省、四川省、西藏自治区等。

发生地点：呼和浩特市清水河县。

危害方式：侵占。

发生面积：2 570 亩。

火绒草 *Leontopodium leontopodioides*

草 地 类：温性山地草甸类草原。

分布范围：新疆维吾尔自治区、青海省、陕西省、山西省、内蒙古自治区、河北省、辽宁省、吉林省、黑龙江省、山东省等。

发生地点：呼和浩特市武川县。

危害方式：侵占。

发生面积：2 360 亩。

刺儿菜 *Cirsium arvense* var. *integrifolium*

草 地 类：温性山地草甸类草原。

分布范围：全国各地均有分布。

发生地点：呼和浩特市和林格尔县、清水河县、玉泉区。

危害方式：侵占。

发生面积：4 900 亩。

2.3 牻牛儿苗目 Geraniales

2.3.1 蒺藜科 Zygophyllaceae

骆驼蓬 *Peganum harmala*

草 地 类：温性山地草甸类草原。

分布范围：宁夏回族自治区、内蒙古自治区、甘肃省、新疆维吾尔自治区、西藏自治区等。

发生地点：呼和浩特市托克托县、土默特左旗。

危害方式：侵占。

发生面积：2 260 亩。

蒺藜 *Tribulus terrestris*

草 地 类：温性山地草甸类草原。

分布范围：全国各地均有分布。

发生地点：呼和浩特市玉泉区、赛罕区、托克托县、清水河县、和林格尔县、土默特左旗。

危害方式：侵占。

发生面积：4 600 亩。

2.4　管状花目 Tubiflorae

2.4.1　唇形科 Lamiaceae

白花枝子花 ***Dracocephalum heterophyllum***

草 地 类：温性山地草甸类草原。

分布范围：山西省、内蒙古自治区、宁夏回族自治区、甘肃省、四川省、青海省、西藏自治区、新疆维吾尔自治区等。

发生地点：呼和浩特市武川县。

危害方式：侵占。

发生面积：5 240 亩。

2.4.2　旋花科 Convolvulaceae

菟丝子 ***Cuscuta chinensis***

草 地 类：温性山地草甸类草原。

分布范围：华北、华东、中南、西北及西南等地区。

发生地点：呼和浩特市玉泉区、赛罕区、托克托县、和林格尔县、清水河县。

危害方式：侵占。

发生面积：6 660 亩。

2.4.3　茄科 Solanaceae

天仙子 ***Hyoscyamus niger***

草 地 类：温性山地草甸类草原。

分布范围：东北、华北、西北及西南等地区，华东地区有栽培或逸为野生。

发生地点：呼和浩特市武川县、清水河县、回民区、玉泉区。

危害方式：侵占。

发生面积：3 260 亩。

2.4.4 紫草科 Boraginaceae

鹤虱 *Lappula myosotis*

草 地 类：温性山地草甸类草原。

分布范围：河南省、山西省、陕西省、甘肃省、贵州省、内蒙古自治区等。

发生地点：呼和浩特市托克托县、清水河县。

危害方式：侵占。

发生面积：6 760 亩。

大果琉璃草 *Cynoglossum divaricatum*

草 地 类：温性山地草甸类草原。

分布范围：新疆维吾尔自治区、甘肃省、陕西省以及华北、东北等地区。

发生地点：呼和浩特市清水河县。

危害方式：侵占。

发生面积：6 760 亩。

2.5 捩花目 Contortae

2.5.1 萝藦科 Asclepiadaceae

萝藦 *Cynanchum rostellatum*

草 地 类：温性山地草甸类草原。

分布范围：东北、华北、华东地区及甘肃省、陕西省、贵州省、河南省、湖北省等。

发生地点：呼和浩特市玉泉区、托克托县、和林格尔县。

危害方式：侵占。

发生面积：6 000 亩。

地梢瓜 *Cynanchum thesiodes*

草 地 类：温性山地草甸类草原。

分布范围：黑龙江省、吉林省、辽宁省、内蒙古自治区、河北省、河南省、山东省、山西省、陕西省、甘肃省、新疆维吾尔自治区、江苏省等。

发生地点：呼和浩特市和林格尔县。

危害方式：侵占。

发生面积：2 100 亩。

2.5.2 龙胆科 Gentianaceae

达乌里秦艽 *Gentiana dahurica*

草 地 类：温性山地草甸类草原。

分布范围：四川北部及西北部，以及西北、华北、东北等地区。

发生地点：呼和浩特市和林格尔县。

危害方式：侵占。

发生面积：3 600 亩。

2.6 蓼目 Polygonales

2.6.1 蓼科 Polygonaceae

皱叶酸模 *Rumex crispus*

草 地 类：温性山地草甸类草原。

分布范围：东北、华北、西北地区及山东省、河南省、湖北省、四川省、贵州省、云南省等。

发生地点：呼和浩特市玉泉区、清水河县。

危害方式：侵占。

发生面积：2 400 亩。

酸模 *Rumex acetosa*

草 地 类：温性山地草甸类草原。

分布范围：全国各地均有分布。

发生地点：呼和浩特市和林格尔县。

危害方式：侵占。

发生面积：1 300 亩。

2.7 麻黄目 Ephedrales

2.7.1 麻黄科 Ephedraceae

中麻黄 *Ephedra intermedia*

草 地 类：温性山地草甸类草原。

分布范围：辽宁省、河北省、山东省、内蒙古自治区、山西省、陕西省、甘肃省、青海省、新疆维吾尔自治区等。

发生地点：呼和浩特市武川县。

危害方式：侵占。

发生面积：2 400 亩。

2.8 毛茛目 Ranales

2.8.1 毛茛科 Ranunculaceae

翠雀 *Delphinium grandiflorum*

草 地 类：温性山地草甸类草原。

分布范围：内蒙古自治区、云南省、山西省、河北省、宁夏回族自治区、贵州省、四川省等。

发生地点：呼和浩特市回民区、武川县。

危害方式：侵占。

发生面积：3 500 亩。

甘青铁线莲 *Clematis tangutica*

草 地 类：温性山地草甸类草原。

分布范围：新疆维吾尔自治区、西藏自治区、四川省、青海省、甘肃省、陕西省、内蒙古自治区等。

发生地点：呼和浩特市赛罕区、和林格尔县。

危害方式：侵占。

发生面积：2 400 亩。

2.9 木贼目 Equisetales

2.9.1 木贼科 Equisetaceae

木贼 *Equisetum hyemale*

草 地 类：温性山地草甸类草原。

分布范围：东北、华北地区及长江流域等。

发生地点：呼和浩特市赛罕区。

危害方式：侵占。

发生面积：2 160 亩。

黄花刺茄 *Solanum rostratum*

草 地 类：温性山地草甸类草原。

分布范围：辽宁省、吉林省、河北省、北京市、新疆维吾尔自治区、内蒙古自治区等。

发生地点：呼和浩特市赛罕区、托克托县、玉泉区、回民区、土默特左旗。

危害方式：侵占。

发生面积：8 230 亩。

2.10　桃金娘目 Myrtales

2.10.1　瑞香科 Thymelaeaceae

瑞香狼毒 *Stellera chamaejasme*

草 地 类：温性山地草甸类草原。

分布范围：黑龙江省、吉林省、辽宁省、河北省、内蒙古自治区、甘肃省、青海省、宁夏回族自治区、西藏自治区等。

发生地点：呼和浩特市回民区、武川县、清水河县、土默特左旗。

危害方式：侵占。

发生面积：4 000 亩。

2.11　中央种子目 Centrospermae

2.11.1　苋科 Amaranthaceae

紫翅散枝蓬 *Pyankovia roborowskii*

草 地 类：温性山地草甸类草原。

分布范围：新疆维吾尔自治区、内蒙古自治区等。

发生地点：呼和浩特市武川县。

危害方式：侵占。

发生面积：4 000 亩。

第 3 篇　菌物界 Fungi

子囊菌门 Ascomycotina

真菌类 Fungi

3.1　白粉菌目 Erysiphales

3.1.1　白粉菌科 Erysiphaceae

黄华白粉菌 *Erysiphe thermopsidis*（披针叶野决明白粉病）

寄　　主：披针叶野决明。

草 地 类：温性山地草甸类草原。

分布范围：内蒙古自治区、山西省、吉林省、青海省等。

发生地点：呼和浩特市回民区、玉泉区。

危害部位：叶部、茎部。

发生面积：3 700 亩。

毛茛楼斗菜白粉菌 *Erysiphe aquilegiae*（唐松草白粉病）

寄　　主：唐松草。

草 地 类：温性山地草甸类草原。

分布范围：吉林省、内蒙古自治区、黑龙江省、陕西省等。

发生地点：呼和浩特市回民区。

危害部位：叶部。

发生面积：3 700 亩。

菊科白粉菌 *Erysiphe cichoracearum*（车前白粉病）

寄　　主：车前。

草 地 类：温性山地草甸类草原。

分布范围：全国各地均有分布。

发生地点：呼和浩特市玉泉区、赛罕区。

危害部位：叶部。

发生面积：2 300 亩。

胡枝子白粉菌 *Erysiphe glycines*（胡枝子白粉病）

寄　　主：胡枝子。

草 地 类：温性山地草甸类草原。

分布范围：全国各地均有分布。

发生地点：呼和浩特市玉泉区、和林格尔县、清水河县。

危害部位：叶部、茎部、叶柄部。

发生面积：3 200 亩。

小檗叉丝壳 *Microsphaera berberidis*（米口袋白粉病）

寄　　主：米口袋。

草 地 类：温性山地草甸类草原。

分布范围：甘肃省、新疆维吾尔自治区、内蒙古自治区、辽宁省等。

发生地点：呼和浩特市托克托县、和林格尔县、武川县、清水河县。

危害部位：叶部、茎部。

发生面积：8 900 亩。

豌豆白粉菌 *Erysiphe pisi*（草木樨白粉病）

寄　　主：草木樨。

草 地 类：温性山地草甸类草原。

分布范围：新疆维吾尔自治区、甘肃省、陕西省、山西省、河北省、北京市、内蒙古自治区、辽宁省、吉林省等。

发生地点：呼和浩特市和林格尔县。

危害部位：叶部、茎部、花梗、荚果。

发生面积：2 260 亩。

豆科内丝白粉菌 *Leveillula leguminosarum*（苜蓿白粉病）

寄　　主：苜蓿。

草 地 类：温性山地草甸类草原。

分布范围：甘肃省、新疆维吾尔自治区、陕西省、贵州省、云南省、吉林省、辽宁省、内蒙古自治区、四川省、山西省等。

发生地点：呼和浩特市和林格尔县。

危害部位：叶部、叶柄部、茎部、荚果。

发生面积：3 300 亩。

双叉旋花白粉菌 *Erysiphe convolvuli*（田旋花白粉病）

寄　　主：田旋花。

草 地 类：温性山地草甸类草原。

分布范围：全国各地均有分布。

发生地点：呼和浩特市和林格尔县。

危害部位：叶部、叶柄部、茎部。

发生面积：2 300 亩。

菊科白粉菌 *Erysiphe cichoracearum*（苦荬菜白粉病）

寄　　主：苦荬菜。

草 地 类：温性山地草甸类草原。

分布范围：陕西省、内蒙古自治区、江苏省、浙江省、福建省、安徽省、台湾省、江西省、湖南省、广东省、广西壮族自治区、贵州省、四川省、云南省等。

发生地点：呼和浩特市清水河县。

危害部位：叶部。

发生面积：2 300 亩。

蒿白粉菌 *Erysiphe artemisiae*（蒌蒿白粉病）

寄　　主：蒌蒿。

草 地 类：温性山地草甸类草原。

分布范围：黑龙江省、吉林省、辽宁省、内蒙古自治区、河北省、山西省、陕西省、甘肃省、山东省、江苏省、安徽省、江西省、河南省、湖北省、湖南省、广东省、四川省、云南省及贵州省等。

发生地点：呼和浩特市武川县。

危害部位：叶部。

发生面积：2 300 亩。

蒿白粉菌 *Erysiphe artemisiae*（白莲蒿白粉病）

寄　　主：白莲蒿。

草 地 类：温性山地草甸类草原。

分布范围：江苏省、湖北省、河南省、安徽省、浙江省、黑龙江省、吉林省、辽宁省、内蒙古自治区、云南省等。

发生地点：呼和浩特市赛罕区。

危害部位：叶部。

发生面积：1 680 亩。

棕丝单囊壳 *Sphaerotheca fusca*（蒲公英白粉病）

寄　　主：蒲公英。

草 地 类：温性山地草甸类草原。

分布范围：江苏省、湖北省、河南省、安徽省、浙江省、黑龙江省、吉林省、辽宁省、内蒙古自治区、河北省、山西省、陕西省、甘肃省、青海省、山东省、浙江省、福建省、台湾省、湖南省、广东省、四川省、贵州省、云南省等。

发生地点：呼和浩特市赛罕区。

危害部位：叶部。

发生面积：2 300 亩。

担子菌门 Basidiomycotina

3.2　锈菌目 Uredinales

3.2.1　柄锈菌科 Pucciniaceae

多孢锈菌属 *Phragmidium* Link（委陵菜锈病）

寄　　主：委陵菜。

草 地 类：温性山地草甸类草原。

分布范围：山东省、辽宁省、安徽省、河北省、河南省、内蒙古自治区、湖北省、江苏省、广西壮族自治区、福建省等。

发生地点：呼和浩特市回民区、武川县、赛罕区。

危害部位：叶部、花、果实。

发生面积：6 000 亩。

铁线莲生柄锈菌 *Puccinia clematidicola*（铁线莲锈病）

寄　　主：铁线莲。

草 地 类：温性山地草甸类草原。

分布范围：广西壮族自治区、广东省、湖南省、江西省、内蒙古自治区等。

发生地点：呼和浩特市玉泉区。

危害部位：叶部、枝干。

发生面积：3 300 亩。

柄锈菌属 *Puccinia* Pers（大果琉璃草锈病）

寄　　主：大果琉璃草。

草 地 类：温性山地草甸类草原。

分布范围：新疆维吾尔自治区、甘肃省、陕西省以及华北、东北等。

发生地点：呼和浩特市清水河县。

危害部位：叶部。

发生面积：3 300 亩。

风毛菊柄锈菌 *Puccinia saussureae*（草地风毛菊锈病）

寄　　主：草地风毛菊。

草 地 类：温性山地草甸类草原。

分布范围：甘肃省、陕西省、内蒙古自治区、宁夏回族自治区、山西省等。

发生地点：呼和浩特市清水河县、武川县。

危害部位：叶部。

发生面积：3 300 亩。

柱锈菌属 *Cronartium* sp.（蒿锈病）

寄　　主：蒿。

草 地 类：温性山地草甸类草原。

分布范围：新疆维吾尔自治区、内蒙古自治区、河北省、北京市、山西省、陕西省等。

发生地点：呼和浩特市清水河县、玉泉区、赛罕区。

危害部位：叶部。

发生面积：2 800 亩。

优若藜单胞锈菌 *Uromyces enrotiae*（灰绿藜锈病）

寄　　主：灰绿藜。

草 地 类：温性山地草甸类草原。

分布范围：黑龙江省、吉林省、辽宁省、内蒙古自治区、天津市、宁夏回族自治区、甘肃省、青海省、新疆维吾尔自治区、江西省等。

发生地点：呼和浩特市玉泉区、赛罕区。

危害部位：叶部。

发生面积：4 200 亩。

苦荬菜柄锈菌 *Puccinia lactucae-denticulatae*（苦菜锈病）

寄　　主：苦菜。

草 地 类：温性山地草甸类草原。

分布范围：东北、华北、华中地区及江苏省、浙江省、福建省、云南省等。

发生地点：呼和浩特市清水河县、玉泉区、赛罕区。

危害部位：叶部。

发生面积：3 400 亩。

奥皮茨柄锈菌 *Puccinia opizii*（山莴苣锈病）

寄　　主：山莴苣。

草 地 类：温性山地草甸类草原。

分布范围：江苏省、上海市、福建省、河南省、黑龙江省、内蒙古自治区、宁夏回族自治区等。

发生地点：呼和浩特市清水河县、玉泉区、赛罕区。

危害部位：叶部。

发生面积：1 800 亩。

半知菌门 Deuteromycotina

3.3 球壳孢目 Sphaeropsidales

3.3.1 球壳孢科 Sphaeropsidaceae

叶点霉属 *Phyllosticta* sp.（忍冬叶斑病）

寄　　主：忍冬。

草 地 类：温性山地草甸类草原。

分布范围：内蒙古自治区、甘肃省、青海省、宁夏回族自治区、西藏自治区等。

发生地点：呼和浩特市武川县。

危害部位：叶部。

发生面积：6 700 亩。

3.4 黑盘孢目 Amphisphaeriales

3.4.1 黑盘孢科 Amphisphaeriaceae

蔷薇放线孢菌 *Actinonela rosae*（地榆叶斑病）

寄　　主：地榆。

草 地 类：温性山地草甸类草原。

分布范围：黑龙江省、海南省、广东省、广西壮族自治区、云南省、内蒙古自治区、宁夏回族自治区、甘肃省、四川省等。

发生地点：呼和浩特市武川县。

危害部位：叶部。

发生面积：3 200 亩。

3.5 丝孢目 Hyphomycetales

3.5.1 淡色孢科 Moniliaceae

粉孢属 *Oidium* Link（酸模白粉病）

寄　　主：酸模。

草 地 类：温性山地草甸类草原。

分布范围：全国各地均有分布。

发生地点：呼和浩特市清水河县。

危害部位：叶部。

发生面积：2 300 亩。

3.5.2 格孢腔菌科 Moniliaceae

链格孢霉菌 *Alternaria* sp.（羊草叶斑病）

寄　　主：羊草。

草 地 类：温性山地草甸类草原。

分布范围：内蒙古自治区、甘肃省、青海省、宁夏回族自治区、西藏自治区等。

发生地点：呼和浩特市回民区、玉泉区、和林格尔县、赛罕区、托克托县、武川县、清水河县、土默特左旗。

危害部位：叶部。

发生面积：6 700 亩。

参考文献

[1] 韩崇选. 农林啮齿动物灾害环境修复与安全诊断[M]. 陕西：西北农林科技大学出版社，2004.

[2] 许誉凡. 金川区鼠害防治的必要性及防治技术方案[J]. 农业与技术，2020，40（6）：54-56.

[3] 吴一鸣. 草原鼠害对草原的影响及防治对策[J]. 中国畜牧业，2023（19）：41-42.

[4] 银花. 草原鼠害对草原的影响与防治措施探析[J]. 南方农业，2023，17（16）：220-222.

[5] 杨惟义. 中国经济昆虫志：第二册（半翅目　蝽科）[M]. 北京：科学出版社，1962.

[6] 章士美. 中国经济昆虫志：第三十一册（半翅目（一））[M]. 北京：科学出版社，1985.

[7] 葛钟麟. 中国经济昆虫志：第十册（同翅目　叶蝉科）[M]. 北京：科学出版社，1966.

[8] 王子清. 中国经济昆虫志：第二十四册（同翅目　粉蚧科）[M]. 北京：科学出版社，1982.

[9] 张广学，钟铁森. 中国经济昆虫志：第二十五册（同翅目　蚜虫类（一））[M]. 北京：科学出版社，1983.

[10] 葛钟麟，丁锦华，田立新，等. 中国经济昆虫志：第二十七册（同翅目　飞虱科）[M]. 北京：科学出版社，1984.

[11] 周尧，路进生，黄桔，等. 中国经济昆虫志：第三十六册（同翅目　蜡蝉总科）[M]. 北京：科学出版社，1985.

[12] 王子清. 中国经济昆虫志：第四十三册（同翅目　蚧总科）[M]. 北京：科学出版社，1994.

[13] 陈世骧，谢蕴贞，邓国藩. 中国经济昆虫志：第一册（鞘翅目　天牛科）[M]. 北京：科学出版社，1959.

[14] 赵养昌. 中国经济昆虫志：第四册（鞘翅目　拟步行虫科）[M]. 北京：科学出版社，1963.

[15] 刘崇乐. 中国经济昆虫志：第五册（鞘翅目　瓢虫科）[M]. 北京：科学出版社，1963.

[16] 庞雄飞，毛金龙. 中国经济昆虫志：第十四册（鞘翅目　瓢虫科（二））[M]. 北京：科学出版社，1979.

[17] 谭娟杰，虞佩玉，李鸿兴，等. 中国经济昆虫志：第十八册（鞘翅目　叶甲总科（一））

[M]. 北京：科学出版社，1980.
[18] 蒲富基. 中国经济昆虫志：第十九册（鞘翅目　天牛科（二））[M]. 北京：科学出版社，1980.
[19] 赵养昌，陈元清. 中国经济昆虫志：第二十册（鞘翅目　象虫科（一））[M]. 北京：科学出版社，1980.
[20] 殷蕙芬，黄复生，李兆麟. 中国经济昆虫志：第二十九册（鞘翅目　小蠹科）[M]. 北京：科学出版社，1984.
[21] 蒋书楠，蒲富基，华立中. 中国经济昆虫志：第三十五册（鞘翅目　天牛科（三））[M]. 北京：科学出版社，1985.
[22] 马文珍. 中国经济昆虫志：第四十六册（鞘翅目　花金龟科、斑金龟科、弯腿金龟科）[M]. 北京：科学出版社，1995.
[23] 虞佩玉，王书永，杨星科. 中国经济昆虫志：第五十四册（鞘翅目　叶甲总科（二））[M]. 北京：科学出版社，1996.
[24] 周尧. 中国蝴蝶分类与鉴定[M]. 郑州：河南科学技术出版社，1998.
[25] 周尧. 中国蝶类志：上册[M]. 修订版. 郑州：河南科学技术出版社，2000.
[26] 周尧. 中国蝶类志：下册[M]. 修订版. 郑州：河南科学技术出版社，2000.
[27] 朱弘复，杨集昆，陆近仁，等. 中国经济昆虫志：第六册（鳞翅目　夜蛾科（二））[M]. 北京：科学出版社，1964.
[28] 朱弘复，陈一心. 中国经济昆虫志：第三册（鳞翅目　夜蛾科（一））[M]. 北京：科学出版社，1963.
[29] 朱弘复，方承莱，王林瑶. 中国经济昆虫志：第七册（鳞翅目　夜蛾科（三））[M]. 北京：科学出版社，1963.
[30] 刘友樵，白九维. 中国经济昆虫志：第十一册（鳞翅目　卷蛾科（一））[M]. 北京：科学出版社，1977.
[31] 赵仲苓. 中国经济昆虫志：第十二册（鳞翅目　毒蛾科）[M]. 北京：科学出版社，1978.
[32] 蔡荣权. 中国经济昆虫志：第十六册（鳞翅目　舟蛾科）[M]. 北京：科学出版社，1979.
[33] 王平远. 中国经济昆虫志：第二十一册（鳞翅目　螟蛾科）[M]. 北京：科学出版社，1980.
[34] 朱弘复，王林瑶. 中国经济昆虫志：第二十二册（鳞翅目　天蛾科）[M]. 北京：科学出版社，1980.
[35] 陈一心. 中国经济昆虫志：第三十二册（鳞翅目　夜蛾科（四））[M]. 北京：科学出版社，1985.
[36] 方承莱. 中国经济昆虫志：第三十三册（鳞翅目　灯蛾科）[M]. 北京：科学出版社，1985.

[37] 赵仲苓. 中国经济昆虫志：第四十二册（鳞翅目　毒蛾科（二））[M]. 北京：科学出版社，1994.
[38] 朱弘复. 蛾类图册[M]. 北京：科学出版社，1973.
[39] 王遵明. 中国经济昆虫志：第四十五册（双翅目　虻科（二））[M]. 北京：科学出版社，1994.
[40] 李铁生. 中国经济昆虫志：第十三册（双翅目　蠓科）[M]. 北京：科学出版社，1978.
[41] 王遵明. 中国经济昆虫志：第二十六册（双翅目　虻科）[M]. 北京：科学出版社，1983.
[42] 范滋德. 中国经济昆虫志：第三十七册（双翅目　花蝇科）[M]. 北京：科学出版社，1988.
[43] 李铁生. 中国经济昆虫志：第三十八册（双翅目　蠓科（二））[M]. 北京：科学出版社，1988.
[44] 唐觉，李参. 中国经济昆虫志：第四十七册（膜翅目　蚁科（一））[M]. 北京：科学出版社，1995.
[45] 何俊华，陈学新，马云. 中国经济昆虫志：第五十一册（膜翅目　姬蜂科）[M]. 北京：科学出版社，1996.
[46] 吴燕如，周勤. 中国经济昆虫志：第五十二册（膜翅目　泥蜂科）[M]. 北京：科学出版社，1996.
[47] 吴燕如. 中国经济昆虫志：第九册（膜翅目　蜜蜂总科）[M]. 北京：科学出版社，1965.
[48] 李铁生. 中国经济昆虫志：第三十册（膜翅目　胡蜂总科）[M]. 北京：科学出版社，1985.
[49] 廖定熹，李学骝，庞雄飞，等. 中国经济昆虫志：第三十四册（膜翅目　小蜂总科（一））[M]. 北京：科学出版社，1987.
[50] 黄大卫. 中国经济昆虫志：第四十一册（膜翅目　金小蜂科（一））[M]. 北京：科学出版社，1993.
[51] 韩运发. 中国经济昆虫志：第五十五册（缨翅目）[M]. 北京：科学出版社，1997.
[52] 陈树椿. 中国珍稀昆虫图鉴[M]. 北京：中国林业出版社，1999.
[53] 徐天森，舒金平. 昆虫采集制作及主要目科简易识别手册[M]. 北京：中国林业出版社，2015.
[54] 蒋金炜，乔红波，安世恒. 农田常见昆虫图鉴[M]. 郑州：河南科学技术出版社，2014.
[55] 张巍巍. 昆虫家谱：世界昆虫 410 科野外鉴别指南[M]. 重庆：重庆大学出版社，2014.
[56] 张巍巍，李元胜. 中国昆虫生态大图鉴[M]. 重庆：重庆大学出版社，2011.
[57] 白金铠. 中国真菌志：第十五卷（球壳孢目　基点霉属、叶点霉属）[M]. 北京：科学出版社，2003.
[58] 白金铠. 中国真菌志：第十七卷（球壳孢目　壳二胞属、壳针孢属）[M]. 北京：科学

出版社，2003.
[59] 周仲铭. 林木病理学[M]. 修订版. 北京：中国林业出版社，1990.
[60] 周与良，邢来君. 真菌学[M]. 北京：高等教育出版社，1986.
[61] 中国林业科学研究院. 中国森林病害[M]. 北京：中国林业出版社，1984.
[62] 曾士迈，杨演. 植物病害流行学[M]. 北京：中国农业出版社，1986.
[63] 陈捷. 现代植物病理学研究方法[M]. 北京：中国农业出版社，2007.
[64] 戴芳澜. 中国真菌总汇[M]. 北京：科学出版社，1979.
[65] 董金皋. 农业植物病理学：北方本[M]. 北京：中国农业出版社，2001.
[66] 方中达. 植病研究方法[M]. 3 版. 北京：中国农业出版社，1998.
[67] 方中达. 中国农业植物病害[M]. 北京：中国农业出版社，1996.
[68] 张中义. 观赏植物真菌病害[M]. 成都：四川科学技术出版社，1992.
[69] 贺伟，叶建仁. 森林病理学[M]. 2 版. 北京：中国林业出版社，2017.
[70] 贺运春. 真菌学[M]. 北京：中国林业出版社，2008.
[71] 黄年来. 中国大型真菌原色图鉴[M]. 北京：中国农业出版社，1998.
[72] 宗兆锋，康振生. 植物病理学原理[M]. 北京：中国农业出版社，2002.
[73] 康振生. 植物病原真菌的超微结构[M]. 北京：中国科学技术出版社，1995.
[74] 赖传雅，袁高庆. 农业植物病理学：华南本[M] . 2 版. 北京：科学出版社，2008.
[75] 刘大群，董金皋. 植物病理学导论[M]. 北京：科学出版社，2007.
[76] 陆家云. 植物病原真菌学[M]. 北京：中国农业出版社，2001.
[77] 陆家云. 植物病害诊断[M] . 2 版. 北京：中国农业出版社，1997.
[78] 杨旺. 森林病理学[M]. 北京：中国林业出版社，1996.
[79] 薛煜，刘雪峰，项存悌. 林病研究方法[M]. 哈尔滨：东北林业大学出版社，2014.
[80] 慕立义. 植物化学保护研究方法[M]. 北京：中国农业出版社，1994.
[81] 许志刚. 普通植物病理学[M] . 4 版. 北京：高等教育出版社，2009.
[82] 裘维蕃. 菌物学大全[M]. 北京：科学出版社，1998.
[83] 邵立平，沈瑞祥，张素轩，等. 真菌分类学[M]. 北京：中国林业出版社，1984.
[84] 沈萍，陈向东. 微生物学[M] . 2 版. 北京：高等教育出版社，2006.
[85] 王金生. 分子植物病理学[M]. 北京：中国农业出版社，1999.
[86] 魏景超遗. 真菌鉴定手册[M]. 上海：上海科学技术出版社，1979.
[87] 中南林学院. 经济林病理学[M]. 北京：中国林业出版社，1986.
[88] 吴时英. 城市森林病虫害图鉴[M]. 上海：上海科学技术出版社，2005.
[89] 项存悌. 林病研究法[M]. 哈尔滨：东北林业大学出版社，1991.
[90] 邢来君，李明春. 普通真菌学[M]. 北京：高等教育出版社，1999.
[91] 谢联辉. 普通植物病理学[M]. 北京：科学出版社，2006.

名词索引

中文名索引

动物界　脊索动物门

动物界　节肢动物门

植物界

菌物界

拉丁名索引

动物界　脊索动物门

动物界　节肢动物门

植物界

菌物界